ダウンロードファイルについて

本書での学習を始める前にサンプルファイル一式を、秀和システムのホームページから本書のサポートページへ移動し、ダウンロードしておいてください。
ダウンロードファイルの内容は同梱の「はじめにお読みください.txt」に記載しています。

秀和システムのホームページ

ホームページから本書のサポートページへ移動して、ダウンロードしてください。
URL　https://www.shuwasystem.co.jp/

JN087495

最初からそう教えてくれ

図解！
ピボットテー

ツボとコツ
ゼッタイ
わかる本

薬師寺 国安 著

はじめに

あなたは、自信を持って「Excelができます！」と言えますか？

　Microsoft Excelには実にさまざまな機能がありますが、最低限 "これだけ" をマスターしておかなければ「Excelができます！」とは言い難い機能があります。それが「ピボットテーブル」です。

　一方、ビジネス業界ではビッグデータやIoTという言葉が一般化しつつあります。事業活動の中で日々膨大なデータが生成され、蓄積されていっています。先進的な企業は既にそのデータを活用して競争力を高めています。

　しかし多くの企業では、蓄積されたデータに価値を見いだすことさえもできていないのが現状かもしれません。そもそも、どんな方法で、何を、どう分析すればいいかもわからないという人も多いことだと思います。

　もちろん、そんな人もまだ大丈夫です。この書籍は、そのような今後のビジネスに必須とされる「データ分析」の第一歩を踏み出してもらうために、Excelを通じた「ピボットテーブル」をま

ずマスターすることを目的にして書かれています。Microsoft 365版Excelを使って、ピボットテーブルを実務で応用していくためのノウハウをこの書籍の中では解説しています。

　読んでいただくとわかると思いますが、「ピボットテーブル」は、その言葉から受けるイメージより、ずっと簡単で扱いやすいものです。

　項目を任意の位置にドラッグ＆ドロップするだけで、自分の求めているデータの集計がいとも容易に実現できます。まずは、触って慣れることが重要です。手順さえ覚えてしまえば、「ピボットテーブル」は扱いにくいものでは決してありません。

　この書籍が、「ピボットテーブル」をマスターし、日々の業務の中で使えるようになる足掛かりとなれば幸いです。

令和2年　9月吉日

Chapter
01

初心者でも 今すぐ実践できる、 ピボットテーブルの作り方

Chapter 02 データ分析をいろいろな視点から試してみよう！

慣れると簡単！
数秒で作るピボットテーブル

Chapter 05 デザインを工夫して視認性と説得力を高めよう！

スライサーでデータを
フィルタリング、タイム
ラインで時間軸を指定し
て集計してみよう！

Chapter
07

Chapter

08

即戦力になれる！
複数テーブルに対応した
ピボットテーブルを作ろう！

Chapter

01

初心者でも
今すぐ実践できる、
ピボットテーブルの作り方

Chapter01 の参考用 Excel データは
Chapter1_PivotTable用データ .xlsx です。

ピボットテーブルとは ピボットテーブルの概要

 ## ピボットテーブルとは

ピボットテーブルとは、リスト形式で用意されたデータを、任意の形式で分類し集計するものです。

ピボットテーブルはデータベースを簡単に統合、集計、分析し、様々な形に変えることのできる機能です。

例えば、膨大な量のデータがある場合でも「担当ごとの売上」「商品名ごとの売上」…など目的の情報を簡単に抽出することが可能になります。

と説明しても、最初はなかなか理解ができないと思います。実際にピボットテーブルを作成する過程で詳しく解説していきましょう。

 ## ピボットテーブルで何ができるの?

1つのデータをいろいろな視点から統計をとったり、分析したりすることができます。また、大量のデータを瞬時に集計できるすぐれ物です。

ピボットテーブルを作成する場合には次の点に注意して、元となるリストデータを作成する必要があります。

1. リストデータには項目名が必須。項目名に空白があるとエラーになる。
2. 空白セルや空白列があると、「(空白)」という項目ができる。
3. 数値など、統一された書式を使っていないと、集計ができない場合がある。

　以上の点については後述します。今回使用するデータは売上一覧表のリストデータを使用します。

売上一覧表

NO	日付	商品名	単価	数量	金額	担当
1	2020/5/1	ノートPC	205600	4	822400	猿飛
2	2020/5/1	デスクトップパソコン	222300	3	666900	猿飛
3	2020/5/1	デジカメ	55600	4	222400	猿飛
4	2020/5/2	KINECT	24800	6	148800	服部
5	2020/5/2	Leap Motion	12600	9	113400	服部
6	2020/5/2	ノートPC	168700	3	506100	服部
7	2020/5/3	デスクトップパソコン	258500	5	1292500	阪神
8	2020/5/3	プリンター	30500	6	183000	阪神
9	2020/5/4	ノートPC	184500	9	1660500	正岡
10	2020/5/5	KINECT	24800	11	272800	宮本
11	2020/5/5	マウス	3500	21	73500	宮本
12	2020/5/5	ノートPC	198200	6	1189200	宮本
13	2020/5/5	スキャナー	85000	3	255000	宮本
14	2020/5/6	デスクトップパソコン	305200	4	1220800	三吉
15	2020/5/6	デジカメ	55600	5	278000	三吉
16	2020/5/6	プリンター	52100	6	312600	三吉
17	2020/5/6	ディスプレイ	25900	3	77700	三吉
18	2020/5/7	ディスプレイ	39800	5	199000	佐々木
19	2020/5/7	ノートPC	145800	7	1020600	佐々木
20	2020/5/7	KINECT	24800	6	148800	佐々木

今回の書籍で使用する
「売上一覧表」のリスト
データ。同じ商品名でも
単価は異なっているね

ピボットテーブル用の データを作るには

 元データを作成する場合の注意点

　「売上一覧表」では「日付別」に何が何個売れて、その「金額」がいくら（何円）になり、それを販売した「担当」名が表示されています。

　まず、ピボットテーブル用のリストデータには、先頭に必ず項目となる行が必要です。ここでは、「NO」、「日付」、「商品名」、「単価」、「金額」、「担当」の項目名がそれに該当します。

　また、このようなリストデータを作成する場合に注意しなければならないのは、「空白行」や「空白列」を入れないということです。例えば「空白行」を入れておくと、「空白行」から下のデータが集計されなくなり、正しい集計結果を得られないので注意が必要です。また文字列の前や後ろに空白を入れないように注意する必要もあります。前後に空白の入っているデータは、別個のデータとして扱われます。

　また、データに表記揺れがあると、これも正しい集計結果が得られないので注意してください。例えば、漢字で書いたものと、平仮名で書いたもの、全角で書いた物と、半角で書いた物が混在していると、正しい集計結果を得ることはできません。今回のように20件程度のデータから、半角のデータを探すには目視でも十分に対応できますが、データ件数の多いデータから、半角のデータを目視で探

すのは大変な作業になります。そんな場合に利用できるのが、テーブルのフィルター機能です。

元となる売上一覧表

半角のデータの入った売上一覧表

半角データが
入っている

売上一覧表に半角データ
と全角データが混在して
いると、それぞれ別個の
データとして扱われる

半角データを全角データに統一するには

 半角と全角は別個に集計されるので統一する

Excelメニューから［挿入/ピボットテーブル］と選択してピボットテーブルを作成すると「ノートPC」と「ノートPC」、「デスクトップパソコン」と「デスクトップパソコン」が別物として集計されてしまいます（シート「3」）。「ピボットテーブル」の作成手順は後述します。

同じ名称でも「半角」と「全角」のデータは別物として扱われる

▲	A	B
1		
2		
3	**行ラベル** ▼	**合計 / 金額**
4	KINECT	570400
5	Leap Motion	113400
6	スキャナー	255000
7	ディスプレイ	276700
8	デジカメ	500400
9	デスクトップパソコン	1887700
10	デスクトップパソコン	1292500
11	ノートPC	2011600
12	ノートPC	3187200
13	プリンター	495600
14	マウス	73500
15	**総計**	**10664000**

全角と半角のデータが別個に集計されている

　では、データの中から「半角」のデータだけを抽出して「全角」に統一する方法を紹介しましょう。

　まず、リストデータを「テーブル」に変換します。「テーブル」とは、リスト形式のデータを効率よく管理するための機能で、データの抽出や、並べ替え、集計などが簡単に行えるようになります。また「テーブル」は後から、普通の「セル範囲」に戻すことも可能です。普通の「セル範囲」とは「テーブル化」する前の状態のリストデータのことです。

　売上一覧表のデータのどのセルでもいいので、選択した状態から、Excelの「挿入/テーブル」（❶）と選択します。

［挿入/テーブル］と選択

　すると、「テーブルの作成」ダイアログボックスが表示されますので、そのままの状態で［OK］をクリックします。

「テーブル作成」のダイアログボックス

すると次の画面のように、売上一覧データが「テーブル」に変換されます。

　項目名の横に「▼」アイコン（フィルター機能）が表示されます。また、1行おきに縞模様が入ります。

テーブルに変換された売上一覧表

「▼」フィルターが表示される

	A	B	C	D	E	F	G
1							
2			売上一覧表				
3							
4	NO	日付	商品名	単価	数量	金額	担当
5	1	2020/5/1	ノートPC	205600	4	822400	猿飛
6	2	2020/5/1	デスクトップパソコン	222300	3	666900	猿飛
7	3	2020/5/1	デジカメ	55600	4	222400	猿飛
8	4	2020/5/2	KINECT	24800	6	148800	服部
9	5	2020/5/2	Leap Motion	12600	9	113400	服部
10	6	2020/5/2	ノートPC	168700	3	506100	服部
11	7	2020/5/3	デスクトップパソコン	258500	5	1292500	阪神
12	8	2020/5/3	プリンター	30500	6	183000	阪神
13	9	2020/5/4	ノートPC	184500	9	1660500	正岡
14	10	2020/5/5	KINECT	24800	11	272800	宮本
15	11	2020/5/5	マウス	3500	21	73500	宮本
16	12	2020/5/5	ノートPC	198200	6	1189200	宮本
17	13	2020/5/5	スキャナー	85000	3	255000	宮本
18	14	2020/5/6	デスクトップパソコン	305200	4	1220800	三吉
19	15	2020/5/6	デジカメ	55600	5	278000	三吉
20	16	2020/5/6	プリンター	52100	6	312600	三吉
21	17	2020/5/6	ディスプレイ	25900	3	77700	三吉
22	18	2020/5/7	ディスプレイ	39800	5	199000	佐々木
23	19	2020/5/7	ノートPC	145800	7	1020600	佐々木
24	20	2020/5/7	KINECT	24800	6	148800	佐々木

　テーブルに変換された売上一覧表から（シート「集計用半角入りデータ」）、「商品名」のフィルターボタン「▼」をクリックします。まず、表示される画面から、「（全て選択）」をクリックして、一度全てのチェックを外します。

　その後、半角の商品名にだけチェックを入れます。

　[OK]ボタンをクリックします。

半角のデータだけを選択する

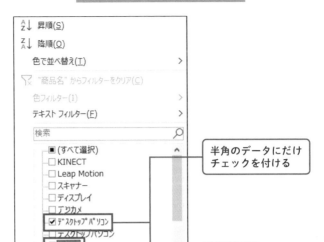

すると、半角のデータだけが抽出されます。

半角のデータが抽出された

▲	A	B	C	D	E	F	G
1							
2			売上一覧表				
3							
4	NO ▾	日付 ▾	商品名 ▾	単価 ▾	数量 ▾	金額 ▾	担当 ▾
5	1	2020/5/1	ﾉｰﾄPC	205600	4	822400	猿飛
6	2	2020/5/1	ﾃﾞｽｸﾄｯﾌﾟ ﾊﾟｿｺﾝ	222300	3	666900	猿飛
16	12	2020/5/9	ﾉｰﾄPC	198200	6	1189200	宮本
18	14	2020/5/6	ﾃﾞｽｸﾄｯﾌﾟ ﾊﾟｿｺﾝ	305200	4	1220800	三吉

　ここで半角のデータを直接全角に修正します。その後、商品名の
フィルターをクリックして「(全て選択)」にチェックを入れると、
データが全角に修正されて表示されます（シート「売上データ」）。
これで、間違った集計結果が表示されることはありません。

全て全角のデータになった

	NO	日付	商品名	単価	数量	金額	担当
			売上一覧表				
1	2020/5/1	ノートPC	205600	4	822400	猿飛
2	2020/5/1	デスクトップパソコン	222300	3	666900	猿飛
3	2020/5/1	デジカメ	55600	4	222400	猿飛
4	2020/5/2	KINECT	24800	6	148800	服部
5	2020/5/2	Leap Motion	12600	9	113400	服部
6	2020/5/2	ノートPC	168700	3	506100	服部
7	2020/5/3	デスクトップパソコン	258500	5	1292500	阪神
8	2020/5/3	プリンター	30500	6	183000	阪神
9	2020/5/4	ノートPC	184500	9	1660500	正岡
10	2020/5/5	KINECT	24800	11	272800	宮本
11	2020/5/5	マウス	3500	21	73500	宮本
12	2020/5/5	ノートPC	198200	6	1189200	宮本
13	2020/5/5	スキャナー	85000	3	255000	宮本
14	2020/5/6	デスクトップパソコン	305200	4	1220800	三吉
15	2020/5/6	デジカメ	55600	5	278000	三吉
16	2020/5/6	プリンター	52100	6	312600	三吉
17	2020/5/6	ディスプレイ	25900	3	77700	三吉
18	2020/5/7	ディスプレイ	39800	5	199000	佐々木
19	2020/5/7	ノートPC	145800	7	1020600	佐々木
20	2020/5/7	KINECT	24800	6	148800	佐々木

　今回リストデータを「テーブル」に変換しましたが、テーブルに変換した後、もとの「セル範囲」に戻すには、テーブルのセル（どこでもいい）を選択しておいて、Excelメニューの［テーブルデザイン/範囲に変換］（❷）と選択すると、元に戻すことができます。

［テーブルデザイン/範囲に変換］と選択すると「テーブル」を解除できる

22

　但し、1行おきの縞模様はそのまま残ります。この書式もクリアしたい場合は、書式をクリアしたい範囲を選択しておいて、Excelメニューの［ホーム/クリア/書式のクリア］（❸）でクリアしてください。この処理では、売上一覧表に設定していた書式がすべてクリアされてしまいますので、注意してください。

「書式のクリア」を選択

［ホーム］→［クリア］→
［書式のクリア］でクリ
アだね

ピボットテーブルを作ってみよう

 ピボットテーブルの作成手順

　まずは、売上一覧表のリストデータ（シート「元データ」）を、Excelメニューの［挿入/テーブル］から「テーブル」に変換します、「テーブル」に変換するのは必須ではないのですが、テーブルに変換していないと、元のリストデータの値を変更して、ピボットテーブルを「更新」して変更を適用させる場合、うまく更新できない場合がありますので、テーブル化は行っておいた方がいいでしょう。データの更新については後述します。

　今までに使ってきた売上一覧表データを使用します（シート「売上データ」）。売上一覧表のセル（どこでもいい）を選択しておいて、Excelメニューの［挿入/ピボットテーブル］（❶）と選択します。

テーブルに変換した売上一覧表（シート「売上データ」）

	A	B	C	D	E	F	G
1							
2			売上一覧表				
3							
4	NO	日付	商品名	単価	数量	金額	担当
5	1	2020/5/1	ノートPC	205600	4	822400	猿飛
6	2	2020/5/1	デスクトップパソコン	222300	3	666900	猿飛
7	3	2020/5/1	デジカメ	55600	4	222400	猿飛
8	4	2020/5/2	KINECT	24800	6	148800	服部
9	5	2020/5/2	Leap Motion	12600	9	113400	服部
10	6	2020/5/2	ノートPC	168700	3	506100	服部
11	7	2020/5/3	デスクトップパソコン	258500	5	1292500	阪神
12	8	2020/5/3	プリンター	30500	6	183000	阪神
13	9	2020/5/4	ノートPC	184500	9	1660500	正岡
14	10	2020/5/5	KINECT	24800	11	272800	宮本
15	11	2020/5/5	マウス	3500	21	73500	宮本
16	12	2020/5/5	ノートPC	198200	6	1189200	宮本
17	13	2020/5/5	スキャナー	85000	3	255000	宮本
18	14	2020/5/6	デスクトップパソコン	305200	4	1220800	三吉
19	15	2020/5/6	デジカメ	55600	5	278000	三吉
20	16	2020/5/6	プリンター	52100	6	312600	三吉
21	17	2020/5/6	ディスプレイ	25900	3	77700	三吉
22	18	2020/5/7	ディスプレイ	39800	5	199000	佐々木
23	19	2020/5/7	ノートPC	145800	7	1020600	佐々木
24	20	2020/5/7	KINECT	24800	6	148800	佐々木

ピボットテーブルの作成手順①

Excelメニューの［挿入］
→ ［ピボットテーブル］と
選択するよ

すると、「ピボットテーブルの作成」ダイアログボックスが表示されます。

　ピボットテーブルにするリストデータの範囲を確認します（❷）。「新規ワークシート」（❸）を選択して、［OK］をクリックします。

ピボットテーブルの作成手順(2)

```
ピボットテーブルの作成                           ?    ×

分析するデータを選択してください。
 ⦿ テーブルまたは範囲を選択(S)
     テーブル/範囲(T):  売上データ!$A$4:$G$24          ↑    ❷
 ○ 外部データ ソースを使用(U)
       接続の選択(C)...
     接続名:
   ○ このブックのデータ モデルを使用する(D)
ピボットテーブル レポートを配置する場所を選択してください。
 ⦿ 新規ワークシート(N)      ❸
 ○ 既存のワークシート(E)
     場所(L):                                      ↑
複数のテーブルを分析するかどうかを選択
   □ このデータをデータ モデルに追加する(M)
                                                クリック
                        OK        キャンセル
```

リストデータの範囲を確
認し、新規ワークシート
を選択するよ

　すると新しいワークシート内に、「ピボットテーブルの枠」と「フィールドリストウインドウ」が表示されます。ここからピボットテーブルを作成していきます。

ピボットテーブルの作成手順③

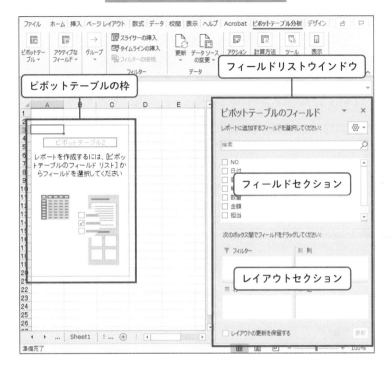

ピボットテーブルの
基礎が出来上がった

データの集計❶～ 商品別の集計をしよう

 商品別の集計

　27ページの画面で、「フィールドセクション」の「商品名」を「レイアウトセクション」の「行」にドラッグ＆ドロップします。すると、「行」のレイアウトセクションに「商品名」が追加されます（シート「5」）。

　次に「フィールドセクション」の「金額」を「レイアウトセクション」の「値」にドラッグ＆ドロップします。「値」の「レイアウトセクション」に「金額」が追加され、「金額」の合計が表示されます。自動的に「合計／金額」という名称になります。

　これで、商品別の合計金額のピボットテーブルが作成されます。「総計」も自動的に集計されています。

　「フィールドセクション」から、必要な項目を、「レイアウトセクション」の「行」や、「値」、または「列」にドラッグ＆ドロップするだけで、ピボットテーブルが作成できるのですから、簡単ですね。

商品別の合計金額のピボットテーブルが作成された

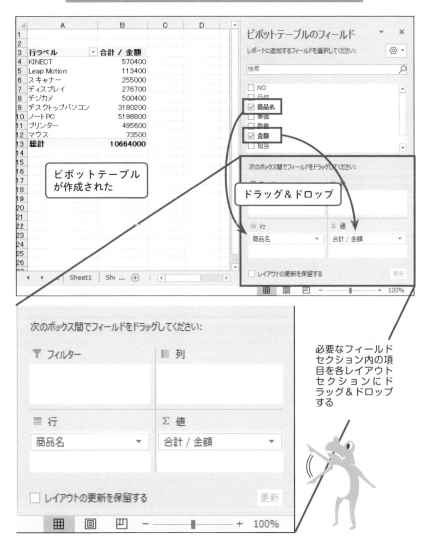

必要なフィールドセクション内の項目を各レイアウトセクションにドラッグ＆ドロップする

データの集計❷〜担当者別の集計をしよう

 担当者別の集計

　担当者別の集計は簡単です。27ページの画面で、「フィールドセクション」の「商品名」を「レイアウトセクション」の「行」にドラッグ＆ドロップします。すると、「行」の「レイアウトセクション」に「商品名」が追加されます。

　次に「フィールドセクション」の「金額」を「レイアウトセクション」の「値」にドラッグ＆ドロップします。「値」の「レイアウトセクション」に「合計/金額」が追加され、「金額」の合計が表示されます。

　次に、「フィールドセクション」の「担当」を、今回は「列」の「レイアウトセクション」にドラッグ＆ドロップします。すると、担当者別で商品の集計が行われます。「担当」が「列」に表示されます（シート「6」）。

　「担当」を「列」のエリアにドラッグ＆ドロップするのではなくて、単にフィールドセクション内でチェックを入れると、「担当」は「行」の「レイアウトセクション」に追加されて、「行」に「担当」の集計がなされます。

　このように「フィールドセクション」内の項目を、「レイアウトセクション」内の各エリアにドラッグ＆ドロップするだけで、簡単にピボットテーブルが作成できます。いろいろな項目を「レイアウトセ

クション」内にドラッグ＆ドロップして、どのようなピボットテーブルができるかを試してください。

「担当」を「列」の「レイアウトセクション」にドラッグ＆ドロップした

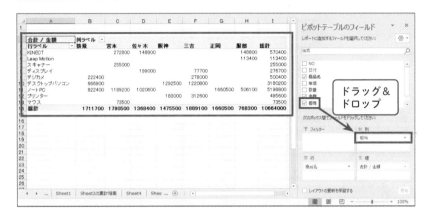

フィールドセクション内の「担当」にチェックを入れただけ

「担当」にチェックを入れるか、「レイアウトセクション」にドラッグ＆ドロップするかで、ピボットテーブルの表示が変わる

07

データの修正、追加、更新をするには

 データの修正、追加、更新方法

　リストデータの修正、追加、更新方法には、画面のような「テーブル」に変換した、売上一覧表のデータを使用します（シート「売上データ」）。

　ここで注意が必要です。テーブル化した元のデータと、作成されたピボットテーブルは、連動しているわけではないということです。元のデータを修正、追加すれば、自動的にその変更がピボットテーブルに反映されると思っていたなら、それは間違いです。元のデータの変更や追加をピボットテーブルに反映させるには、「更新」という一手間を加えないと反映されません。その方法をこれから解説していきましょう。

　売上一覧表を見ると、2020/5/5に「宮本さん」が「マウス」を「21」個売って、「73500円」の売上を上げています。この数量を「50」に変更してみましょう。「金額」は自動的に「175000円」に変わります。しかし、ピボットテーブルを見るとわかるように、「マウス」の売上金額は「73500円」(❶)のままで、数量を「50」個に変更した結果が反映されていないのがわかります。

使用する「売上一覧表」のリストデータ

売上一覧表

NO	日付	商品名	単価	数量	金額	担当
1	2020/5/1	ノートPC	205600	4	822400	猿飛
2	2020/5/1	デスクトップパソコン	222300	3	666900	猿飛
3	2020/5/1	デジカメ	55600	4	222400	猿飛
			24800	6	148800	服部
			12600		113400	服部
6	2020/5/2	ノートPC	168			
7	2020/5/3	デスクトップパソコン	258			
8	2020/5/3	プリンター	30500	6	183000	阪神
9	2020/5/4	ノートPC	184500	9	1660500	正岡
10	2020/5/5	KINECT	24800	11	272800	宮本
11	2020/5/5	マウス	3500	21	73500	宮本
12	2020/5/5	ノートPC	198200	6	1189200	宮本
13	2020/5/5	スキャナー	85000	3	255000	宮本
14	2020/5/6	デスクトップパソコン	305200	4	1220800	三吉
15	2020/5/6	デジカメ	55600	5	278000	三吉
16	2020/5/6	プリンター	52100	6	312600	三吉
17	2020/5/6	ディスプレイ	25900	3	77700	三吉
18	2020/5/7	ディスプレイ	39800	5	199000	佐々木
19	2020/5/7	ノートPC	145800	7	1020600	佐々木
20	2020/5/7	KINECT	24800	6	148800	佐々木

> 数量を50に変更する

> 金額は175000に変わる

変更した金額が反映されていない

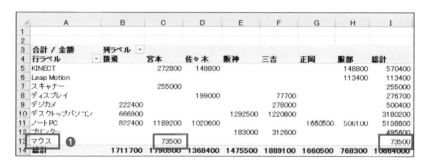

合計 / 金額	列ラベル							
行ラベル	猿飛	宮本	佐々木	阪神	三吉	正岡	服部	総計
KINECT		272800	148800				148800	570400
Leap Motion							113400	113400
スキャナー		255000						255000
ディスプレイ			199000		77700			276700
デジカメ	222400				278000			500400
デスクトップパソコン	666900			1292500	1220800			3180200
ノートPC	822400	1189200	1020600			1660500	506100	5198800
プリンター				183000	312600			495600
マウス ❶		73500						73500
総計	1711700	1790500	1368400	1475500	1889100	1660500	768300	10664000

　変更した結果を反映させるには、ピボットテーブル内のA5のセル（ピボットテーブル内ならどのセルでもいい）を選択した状態から、Excelメニューの「ピボットテーブル分析/更新」（❷）と選択します。

「更新」を選択する

すると、マウスの金額が更新（❸）されます。

マウスのデータが更新された

	A	B	C	D	E	F	G	H	I
1									
2									
3	合計 / 金額	列ラベル							
4	行ラベル	琢飛	宮本	佐々木	阪神	三吉	正岡	服部	総計
5	KINECT		272800	148800				148800	570400
6	Leap Motion							113400	113400
7	スキャナー		255000						255000
8	ディスプレイ			199000		77700			276700
9	デジカメ	222400				278000			500400
10	デスクトップパソコン	666900			1292500	1220800			3180200
11	ノートPC	822400	1189200	1020600			1660500	506100	5198800
12	プリンター				183000	312600			495600
13	マウス		175000	❸					175000
14	総計	1711700	1892000	1368400	1475500	1889100	1660500	760000	10705500

新規データを追加する

では、次に新規にデータを追加してみましょう。

売上一覧表の一番下の行に「NO」を「21」として、「日付」に「2015/5/10」、「商品名」に「タブレットPC」、「単価」に「98000」、「数量」に「5」、「担当」に「真田」というデータを追加してみましょう。

売上一覧表のデータを「テーブル」に変換していない場合は、「ピ

ボットテーブル分析」から「データソースの変更」を選択して「範囲」を指定しなおさなければなりませんが、「テーブル」に変換している場合はその必要はありません。

　最後の行にデータを追加していくと、今回の場合罫線を引いているのでわかり易いと思いますが、追加したデータが罫線の中に自動的に含められます（❹）。

追加した行が自動的に罫線の中に納まった

NO	日付	商品名	単価	数量	金額	担当
1	2020/5/1	ノートPC	205600	4	822400	猿飛
2	2020/5/1	デスクトップパソコン	222300	3	666900	猿飛
3	2020/5/1	デジカメ	55600	4	222400	猿飛
4	2020/5/2	KINECT	24800	6	148800	服部
5	2020/5/2	Leap Motion	12600	9	113400	服部
6	2020/5/2	ノートPC	168700	3	506100	服部
7	2020/5/3	デスクトップパソコン	258500	5	1292500	阪神
8	2020/5/3	プリンター	30500	6	183000	阪神
9	2020/5/4	ノートPC	184500	9	1660500	正岡
10	2020/5/5	KINECT	24800	11	272800	宮本
11	2020/5/5	マウス	3500	50	175000	宮本
12	2020/5/5	ノートPC	198200	6	1189200	宮本
13	2020/5/5	スキャナー	85000	3	255000	宮本
14	2020/5/6	デスクトップパソコン	305200	4	1220800	三吉
15	2020/5/6	デジカメ	55600	5	278000	三吉
16	2020/5/6	プリンター	52100	6	312600	三吉
17	2020/5/6	ディスプレイ	25900	3	77700	三吉
18	2020/5/7	ディスプレイ	39800	5	199000	佐々木
19	2020/5/7	ノートPC	145800	7	1020600	佐々木
20	2020/5/7	KINECT	24800	6	148800	佐々木
21		❹			0	

この状態でデータを追加していきます（❺）。

新規に追加した行にデータを追加していく

NO	日付	商品名	単価	数量	金額	担当
1	2020/5/1	ノートPC	205600	4	822100	楠飛
2	2020/5/1	デスクトップパソコン	222300	3	666900	猿飛
3	2020/5/1	デジカメ	55600	4	222400	猿飛
4	2020/5/2	KINECT	24800	6	148800	服部
5	2020/5/2	Leap Motion	12600	9	113400	服部
6	2020/5/2	ノートPC	168700	3	506100	服部
7	2020/5/3	デスクトップパソコン	258500	5	1292500	阪神
8	2020/5/3	プリンター	30500	6	183000	阪神
9	2020/5/4	ノートPC	184500	9	1660500	正岡
10	2020/5/5	KINECT	24800	11	272800	宮本
11	2020/5/5	マウス	3500	50	175000	宮本
12	2020/5/5	ノートPC	198200	6	1189200	宮本
13	2020/5/5	スキャナー	85000	3	255000	宮本
14	2020/5/6	デスクトップパソコン	305200	4	1220800	三吉
15	2020/5/6	デジカメ	55600	5	278000	三吉
16	2020/5/6	プリンター	52100	6	312600	三吉
17	2020/5/6	ディスプレイ	25900	3	77700	三吉
18	2020/5/7	ディスプレイ	39800	5	199000	佐々木
19	2020/5/7	ノートPC	145800	7	1020600	佐々木
20	2020/5/7	KINECT	24800	6	148800	佐々木
21	2020/5/10	タブレットPC ❺	98000	5	490000	真田

売上一覧表

　このままの状態では、まだピボットテーブルには新規のデータは追加されていません。

　ピボットテーブルのA5（ピボットテーブル内ならどのセルでもいい）のセル選択しておいて、Excelメニューの［ピボットテーブル分析/更新］と選択すると、❻のように集計表に、新規に追加したデータが反映されます（シート「7」）。

新規のデータが追加された

	A	B	C	D	E	F	G	H	I	J
1										
2										
3	合計 / 金額	列ラベル ▼								
4	行ラベル ▼	猿飛	宮本	佐々木	阪神	三吉	正岡	服部	真田	総計
5	KINECT		272800	148800				148800		570400
6	Leap Motion							113400		113400
7	スキャナー		255000							255000
8	ディスプレイ			199000		77700				276700
9	デジカメ	222400				278000				500400
10	デスクトップパソコン	666900			1292500	1220800				3180200
11	ノートPC	822400	1189200	1020600			1660500	506100		5198800
12	プリンター				183000	312600				495600
13	マウス		175000							175000
14	タブレットPC							❻		490000	490000
15	総計	1711700	1892000	1368400	1475500	1889100	1660500	768300	490000	11255500

　以上でChapter01の解説は終わりです。ピボットテーブルの作成方法は、思ったより簡単だったのではないでしょうか。特に数式を使う訳でもなく、項目にチェックを付けたり、または「レイアウトセクション」内の任意のエリア内にドラッグ＆ドロップするだけで、集計表が完成するのですから、簡単なものだと思います。

　また、データの修正や新規追加も、単に「更新」メニューをクリックするだけでいいのですから、これもわかってしまえば極、簡単なことです。

　ピボットテーブルと聞くと、なんか難しいようなイメージを持たれていたかもしれませんが、現在のところまでの触った感じでは、思いのほか簡単で便利な機能だと思われたのではないでしょうか。

フィールドセクションからレイアウトセクションに
フィールド（項目）をドラッグ＆ドロップする順番
で、ピボットテーブルの表示が変化する

　ピボットテーブルで、「フィールドセクション」から「レイアウトセクション」に項目をドラッグ＆ドロップします。「行」に「担当」と「商品名」、「値」に「金額」をドラッグ＆ドロップすると、担当者別に商品名の合計が表示されます。

「担当」別に商品名の合計が表示

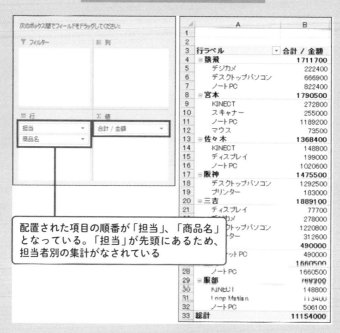

配置された項目の順番が「担当」、「商品名」となっている。「担当」が先頭にあるため、担当者別の集計がなされている

　「行」に配置している順番を「商品名」、「担当」と変更すると、「商品名」別で担当者の合計金額が表示されます。変更するには、「商品名」をマウスで、「担当」の上部にドラッグ＆ドロップするだけです（シート「Column-1」）。

「商品名」別で担当者の合計金額が表示

「商品名」を先頭にもってきた

　このように、「レイアウトセクション」の各エリア内に配置する項目の順番によって、作成されるピボットテーブルの見栄えが大きく異なります。どんなピボットテーブルを作りたいかを頭で描いて項目を配置していきましょう。

\Column/

ピボットテーブルの構成要素とは

ピボットテーブルの構成要素

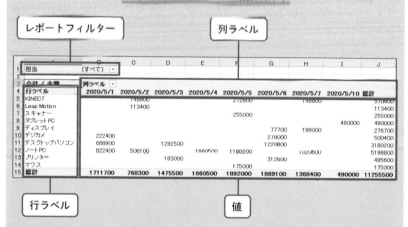

	レポートフィルター	列ラベル

	A	B	C	D	E	F	G	H	I	J
1	担当	(すべて)								
2										
3	合計 / 金額	列ラベル								
4	行ラベル	2020/5/1	2020/5/2	2020/5/3	2020/5/4	2020/5/5	2020/5/6	2020/5/7	2020/5/10	総計
5	KINECT		148800			272800		148800		570400
6	Leap Motion		113400							113400
7	スキャナー					255000				255000
8	タブレットPC								490000	490000
9	ディスプレイ						77700	199000		276700
10	デジカメ	222400					278000			500400
11	デスクトップパソコン	666900		1292500			1220800			3180200
12	ノートPC	822400	506100		1660500	1190000		1020600		5198800
13	プリンター			183000			312600			495600
14	マウス					175000				175000
15	総計	1711700	768300	1475500	1660500	1892000	1889100	1368400	490000	11255500

行ラベル		値

「レポートフィルター」では、指定されたデータのみを表示できます。

「列ラベル」は横軸を表します。

「行ラベル」は縦軸を表します。

「値」は数値が表示される箇所です。

Chapter

02

データ分析をいろいろな
視点から試してみよう！

Chapter02の参考用Excelデータは
Chapter2_PivotTable用データ.xlsxです。

「売上額順」に並び替えよう

 「売上額順」に並び替える

　テーブル化した「売上一覧表」のデータ（シート「売上データ」）から、担当者別のピボットテーブルを作成します。

　「売上一覧表」のデータのセル（どこでもいい）を選択しておいて、Excelメニューの［挿入/ピボットテーブル］と選択します。すると、「ピボットテーブルの作成」ダイアログボックスが表示されます。

　ピボットテーブルにするデータの範囲が「テーブル1」になっているのを確認します。しかし、必ずしも「テーブル1」ではなく、「テーブル2」、「テーブル3」と表示される場合もあります。

　「新規ワークシート」を選択します。［OK］をクリックします。

　ここまでの手順はChapter01でも解説していますので、Chapter01を参照してください。

　すると新しいワークシート内に、「ピボットテーブルの枠」と「フィールドリストウインドウ」が表示されます。

　「フィールドセクション」の「商品名」と「担当」を「レイアウトセクション」の「行」にドラッグ＆ドロップします。「金額」を「値」にドラッグ＆ドロップします。すると、「担当者」別のピボットテーブルが作成されます。これを、売上金額の高い順に並べ替えてみましょう。

テーブル化された売上一覧表（シート「売上データ」）

売上一覧表

NO	日付	商品名	単価	数量	金額	担当
1	2020/5/1	ノートPC	205600	4	822400	猿飛
2	2020/5/1	デスクトップパソコン	222300	3	666900	猿飛
3	2020/5/1	デジカメ	55600	4	222400	猿飛
4	2020/5/2	KINECT	24800	6	148800	服部
5	2020/5/2	Leap Motion	12600	9	113400	服部
6	2020/5/2	ノートPC	168700	3	506100	服部
7	2020/5/3	デスクトップパソコン	258500	5	1292500	阪神
8	2020/5/3	プリンター	30500	6	183000	阪神
9	2020/5/4	ノートPC	184500	9	1660500	正岡
10	2020/5/5	KINECT	24800	11	272800	宮本
11	2020/5/5	マウス	3500	21	73500	宮本
12	2020/5/5	ノートPC	198200	6	1189200	宮本
13	2020/5/5	スキャナー	85000	3	255000	宮本
14	2020/5/6	デスクトップパソコン	305200	4	1220800	三吉
15	2020/5/6	デジカメ	55600	5	278000	三吉
16	2020/5/6	プリンター	52100	6	312600	三吉
17	2020/5/6	ディスプレイ	25900	3	77700	三吉
18	2020/5/7	ディスプレイ	39800	5	199000	佐々木
19	2020/5/7	ノートPC	145800	7	1020600	佐々木
20	2020/5/7	KINECT	24800	6	148800	佐々木

担当者別のピボット
テーブルを作成した
い！！

商品名で分類分けされた担当者ごとの合計金額」の
レイアウトセクション（シート「0」）

先ず、並べ替えの基準となる、セル「B4」(❶) を選択します。

<u>商品名で分類された「担当者」別のピボットテーブル</u>

	A	B
1		
2		
3	行ラベル ▼	合計 / 金額
4	⊟KINECT	570400
5	宮本	272800
6	佐々木	148800
7	服部	148800
8	⊟Leap Motion	113400
9	服部	113400
10	⊟スキャナー	255000
11	宮本	255000
12	⊟ディスプレイ	276700
13	佐々木	199000
14	三吉	77700
15	⊟デジカメ	500400
16	猿飛	222400
17	三吉	278000
18	⊟デスクトップパソコン	3180200
19	猿飛	666900
20	阪神	1292500
21	三吉	1220800
22	⊟ノートPC	5198800
23	猿飛	822400
24	宮本	1189200
25	佐々木	1020600
26	正岡	1660500
27	服部	506100
28	⊟プリンター	495600
29	阪神	183000
30	三吉	312600
31	⊟マウス	73500
32	宮本	73500
33	総計	10664000

	A	B
1		
2		
3	行ラベル ▼	合計 / 金額
4	⊟KINECT ❶	570400
5	宮本	272800
6	佐々木	148800
7	服部	148800
8	⊟Leap Motion	113400
9	服部	113400
10	⊟スキャナー	255000
11	宮本	255000
12	⊟ディスプレイ	276700
13	佐々木	199000
14	三吉	77700
15	⊟デジカメ	500400
19	猿飛	666900
20	阪神	1292500
21	三吉	1220800
22	⊟ノートPC	5198800
23	猿飛	822400
24	宮本	1189200
25	佐々木	1020600
26	正岡	1660500
27	服部	506100
28	⊟プリンター	495600
29	阪神	183000
30	三吉	312600
31	⊟マウス	73500
32	宮本	73500
33	総計	10664000

> 並び替えの基準となる「金額」の
> B4のセルを選択しておく

Excelメニューの「データ」タブをクリックし、［データ/降順］(❷)
をクリックします。

<u>降順を選択</u>

並び替えには
［データ/降順］
と選択する

　すると、売上順に並び替えられているのがわかります（シート「1」）。

降順に並び替えられた

	A	B
1		
2		
3	**行ラベル**	**合計／金額**
4	⊟ノートPC	**5198800**
5	正岡	1660500
6	宮本	1189200
7	佐々木	1020600
8	猿飛	822400
9	服部	506100
10	⊟デスクトップパソコン	**3180200**
11	阪神	1292500
12	三吉	1220800
13	猿飛	666900
14	⊟KINECT	**570400**
15	宮本	272800
16	服部	148800
17	佐々木	148800
18	⊟デジカメ	**500400**
19	三吉	278000
20	猿飛	222400
21	⊟プリンター	**495600**
22	三吉	312600
23	阪神	183000
24	⊟ディスプレイ	**276700**
25	佐々木	199000
26	三吉	77700
27	⊟スキャナー	**255000**
28	宮本	255000
29	⊟Leap Motion	**113400**
30	服部	113400
31	⊟マウス	**73500**
32	宮本	73500
33	**総計**	**10664000**

売上の高い順（降順）に並び替えられた

全員の進捗状況を チェックしよう

 特定の担当者を基準に全員の進捗状況をチェックする

　例えば、ある特定の担当者の売上をチェックしたい場合には、その担当者が一番上に表示されていると、いちいちスクロールして、目的の担当者を探す必要がありません。「売上順」や、「あいうえお順」で並び替えても、必ずしも、目的の担当者が一番上に表示されるとは限りません。

　そんな場合は、どうすれば目的の担当者が一番上に表示されるのかを解説しましょう。

作成したピボットテーブルのレイアウトセクションの内容

次のボックス間でフィールドをドラッグしてください:

▼ フィルター　　　　　　　Ⅲ 列

≡ 行　　　　　　　　　　Σ 値

| 担当　　　　　▼ | 合計 / 金額　　　▼ |

| 商品名　　　　▼ |

☐ レイアウトの更新を保留する　　　　　　更新

レイアウトセクション内に、
項目をこのように配置して、
担当者別で商品名の金額合計
が表示されるようにするよ

画面のピボットテーブルから担当が「三吉」の内容を一番上にもってきてみましょう。まず、「三吉」とある項目のセル「A20」を選択し、マウスポインターをセル「A20」の枠に合わせます。するとマウスポインターが変化（✛）しますので、この状態から、行番号「3」と行番号「4」の間にドラッグ＆ドロップします（シート「2」）。

「三吉」のセルを一番先頭にドラッグ＆ドロップする

	A	B
1		
2		
3	行ラベル▼	合計 / 全額
4	⊟樫花	1711700
5	デジカメ	222400
6	デスクトップパソコン	666900
7	ノートPC	822400
8	⊟宮本	1790500
9	KINECT	272800
10	スキャナー	255000
11	ノートPC	1189200
12	マウス	73500
13	⊟佐々木	1368400
14	KINECT	148800
15	ディスプレイ	199000
16	ノートPC	1020600
17	⊟阪神	1475500
18	デスクトップパソコン	1292500
19	プリンター	183000
20	⊟三吉	1889100
21	ディスプレイ	77700
22	デジカメ	278000
23	デスクトップパソコン	1220800
24	プリンター	312600
25	⊟正岡	1660500
26	ノートPC	1660500
27	⊟服部	768300
28	KINECT	140000
29	Leap Motion	113400
30	ノートPC	500100
31	総計	10664000

「三吉」のデータを
一番先頭に移動する

「三吉」のデータを先頭にドラッグ＆ドロップした

	A	B
1		
2		
3	行ラベル ▼	合計 / 全額
4	⊟三吉	**1889100**
5	ディスプレイ	77700
6	デジカメ	278000
7	デスクトップパソコン	1220800
8	プリンター	312600
9	⊟猿飛	**1711700**
10	デジカメ	222400
11	デスクトップパソコン	666900
12	ノートPC	822400
13	⊟宮本	**1790500**
14	KINECT	272800
15	スキャナー	255000
16	ノートPC	1189200
17	マウス	73500
18	⊟佐々木	**1368400**
19	KINECT	148800
20	ディスプレイ	199000
21	ノートPC	1020600
22	⊟阪神	**1475500**
23	デスクトップパソコン	1292500
24	プリンター	183000
25	⊟正岡	**1660500**
26	ノートPC	1660500
27	⊟服部	**768300**
28	KINECT	148800
29	Leap Motion	113400
30	ノートPC	506100
31	総計	**10664000**

「三吉」のデータが
先頭に移行した

任意の「担当」者のデータ
を移動するには、「担当」
を選択して、任意の場所
にドラッグ＆ドロップす
るだけ

Chapter 02

「売上が上位」のものを 選別して表示しよう

「売上が上位」のものを選別して表示する

　今まで解説してきた方法で、画面のように商品名と金額のピボットテーブルを作成してください。「フィールドセクション」の「商品名」を「レイアウトセクション」の「行」にドラッグ＆ドロップします。「金額」を「値」にドラッグ＆ドロップします。

商品名と金額のピボットテーブル

	A	B
1		
2		
3	行ラベル ▼	合計 / 金額
4	KINECT	570400
5	Leap Motion	113400
6	スキャナー	255000
7	ディスプレイ	276700
8	デジカメ	500400
9	デスクトップパソコン	3180200
10	ノートPC	5198800
11	プリンター	495600
12	マウス	73500
13	総計	10664000

　このピボットテーブルをパッと見ただけでは、上位3位以内の商品名がなんであるかわかりません。

　まず、「商品名」フィールドの「行ラベル」の「▼」フィルターをク

リックして、次の画面のようにフィルター一覧を表示します。

フィルターの一覧を表示する

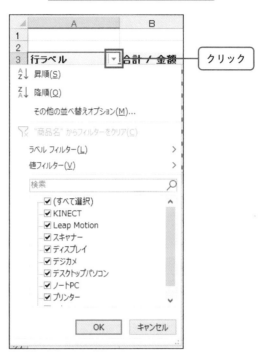

　次のページの画面の「値フィルター」の「＞」にマウスカーソルを
合わせると、メニューが表示されます。この表示されたメニューか
ら「トップテン」を選択します。

「値フィルター」の右横の「＞」にマウスカーソルを合わせる

　すると、「トップテンフィルター（商品名）」の画面が表示されますので、「10」と入力されている個所に「3」と入力して、［OK］ボタンをクリックします。「下位」を表示したい場合は「上位」の個所を「下位」に変えるといいでしょう。

「10」の位置を「3」に変更する

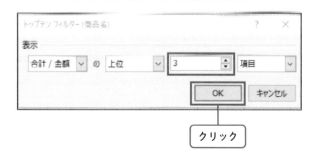

　すると、次の画面のように、「上位3位までの商品名と金額」が表示されます（シート「3」）。しかし、あくまでも上位3位までの商品名と金額で、必ずしも金額の多い順にはソートされていないので注意してください。

上位3位までの商品名と金額を表示した

◢	A	B
1		
2		
3	行ラベル　　　　　　▼	合計 / 金額
4	KINECT	570400
5	デスクトップパソコン	3180200
6	ノートPC	5198800
7	総計	8949400

上位3位までの商品名と
金額が表示されたがソー
トはされていないね

「指定したキーワード」に合致する商品を選別して集計しよう

 「指定したキーワード」に合致する商品を選別して集計する

売上データ（シート「売上データ」）から作成した、商品名と金額のピボットテーブル（シート「4-1」）の中から、「PC」を含む商品名を抽出してみましょう。

画面の「商品名」フィールドの「行ラベル」の「▼」フィルターをクリックして、フィルター一覧を表示します。

「フィールドセクション」の「商品名」を「レイアウトセクション」の「行」にドラッグ＆ドロップし、「金額」を「値」にドラッグ＆ドロップして作成するよ

商品名と金額のピボットテーブル

▲	A	B
1		
2		
3	行ラベル ▼	合計 / 金額
4	KINECT	570400
5	Leap Motion	113400
6	スキャナー	255000
7	ディスプレイ	276700
8	デジカメ	500400
9	デスクトップパソコン	3180200
10	ノートPC	5198800
11	プリンター	495600
12	マウス	73500
13	総計	10664000

「▼」フィルターを
クリックしてフィ
ルターの一覧を表
示しよう

　次のページの画面の「ラベルフィルター」の右端にある「＞」(❶)
にマウスポインターを合わせて表示されるメニューから、「指定の値
を含む」(❷)を選択します。

「ラベルフィルター」から「指定の値を含む」を選択

「ラベルフィルター」で
任意の商品名が検索でき
るよ

　「ラベルフィルター（商品名）」が表示されますので、「PC」と入力して（❸）[OK]ボタンをクリックします。

　すると、「PC」を含む商品名が抽出されます（シート「4-2」）。

条件に「PC」と入力

「PC」を含む商品と金額の合計が表示された

	A	B
1		
2		
3	行ラベル ⊐	合計 / 金額
4	ノートPC	5198800
5	総計	5198800

Chapter 02

「レポートフィルター」を 用いた条件抽出をしよう

 ## 「レポートフィルター」を用いた条件抽出方法

　「売上一覧表」のデータから、ピボットテーブルを作成し、「担当」
を「レイアウトセクション」の「行」に、「金額」を「値」にドラッグ
＆ドロップし、「フィルター」に「商品名」をドラッグ＆ドロップし
ます（❶）（シート「5-1」）。すると「担当」者別の売上表と、「商品名」
による「フィルター領域」が表示されます（❷）。

> 「フィルター」に商品名をドラッグ
> ＆ドロップすると、「商品名」に
> よる「フィルター領域」が表示さ
> れるよ

商品名の「フィルター領域」が表示

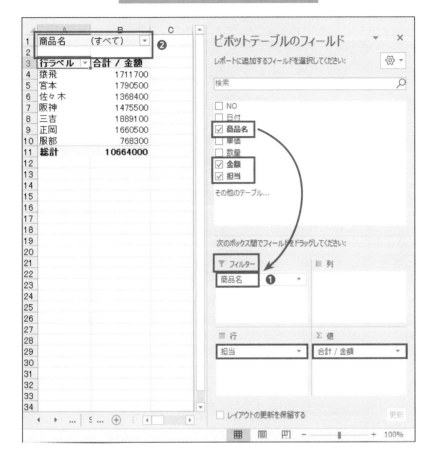

　次ページの画面で、フィルター領域の、「商品名（すべて）」の「▼」
フィルターをクリックします。「商品名」の一覧が表示されますので、
下に表示されている「複数のアイテム」にチェックを付け（❸）、一
度「すべて」のチェックを外して、選択されている商品名から全ての
チェックを外します。その後、「ノートPC」と「デスクトップパソコ
ン」の2つにチェック（❹）を入れて［OK］ボタンをクリックします。

「ノートPC」と「デスクトップパソコン」にチェック

すると、「ノートPC」と「デスクトップパソコン」を売った「担当者」と「金額」が表示されます。

「ノートPC」と「デスクトップパソコン」を売った「担当者」と「合計/金額」が表示される

	A	B
1	商品名	(複数のアイテム)
2		
3	行ラベル	合計 / 金額
4	猿飛	1489300
5	宮本	1109200
6	佐々木	1020600
7	阪神	1292500
8	三吉	1220800
9	正岡	1660500
10	服部	506100
11	総計	8379000

　ただ、これでは、誰が「ノートPC」を売って、誰が「デスクトップパソコン」を売ったかがわかりません。そこで、「レイアウトセクション」の「フィルター」に追加しておいた「商品名」を「列」にドラッグ＆ドロップします（❺）。すると、誰が何を販売したかが一目瞭然となります（シート「5-2」）。

「フィルター」に追加しておいた「商品名」を 「列」にドラッグ＆ドロップした

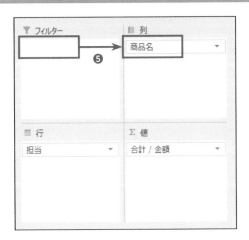

「フィルター」に追加しておいた「商品名」を 「列」にドラッグ＆ドロップすると販売した商品名がわかる

▲	A	B	C	D
1				
2				
3	合計 / 金額	列ラベル		
4	行ラベル	デスクトップパソコン	ノートPC	総計
5	猿飛	666900	822400	1489300
6	宮本		1189200	1189200
7	佐々木		1020600	1020600
8	阪神	1292500		1292500
9	三吉	1220800		1220800
10	正岡		1660500	1660500
11	服部		506100	506100
12	総計	3180200	5198800	8379000

Chapter02 はこれで終わりです。いろいろな集計方法を解説してきましたが、肝は、「フィールドセクション」の項目を、「レイアウトセクション」のどのエリアにドラッグ＆ドロップすればいいか、ということになります。いろいろドラッグ＆ドロップしてみて、どんなピボットテーブルが作成されるかを確認するといいでしょう。

　また、「レイアウトセクション」内の「フィルター」エリアに項目をドラッグ＆ドロップすると、指定した項目によって検索が可能になります。とても便利な機能なので是非使ってみてください。

\Column/

ピボットテーブルの空白セルに0を表示させる

「フィールドセクション」から、「レイアウトセクション」の「行」に「担当」
を、「値」に「金額」を「列」に商品名をドラッグ＆ドロップすると、担当者
別の商品名の売上合計金額が表示されます。

担当者別の商品名の売上合計金額が表示

	A	B	C	D
1				
2				
3	合計 / 金額	列ラベル		
4	行ラベル	デスクトップパソコン	ノートPC	総計
5	猿飛	666900	822400	1489300
6	宮本		1189200	1189200
7	佐々木		1020600	1020600
8	阪神	1292500		1292500
9	三吉	1220800		1220800
10	正岡		1660500	1660500
11	服部		506100	506100
12	総計	3180200	5198800	8379000

データの無い箇所が空白になっている

この作成されたピボットテーブルを見ると、データの無い箇所が空白になっています。空白だとデータ漏れと勘違いされる恐れがあります。その場合は、半角のゼロなどを入力されるようにしてみましょう。

　まず、ピボットテーブルの金額のセル（金額のセルならどこでもいいです）を選択します。選択した状態からマウスの右クリックをします。表示されるメニューから「ピボット・テーブルオプション」（❶）選択します。

「ピボットテーブルオプション」を選択

　「ピボットテーブルオプション」のダイアログボックスが開きますので、「空白セルに表示する値」にチェックを入れ（❷）、既にチェックが入っている場合もありますが、もし入っていない場合はチェックを入れて、値に「0」（❸）と入力します。[OK]をクリックします。

「空白セルに表示する値」にチェックを入れ、値に「0」と入力

ピボットテーブル オプション　　　　　　　　　　　　　　　？　×

ピボットテーブル名(N)：ピボットテーブル1

レイアウトと書式　集計とフィルター　表示　印刷　データ　代替テキスト

レイアウト

☐ セルとラベルを結合して中央揃えにする(M)

コンパクト形式での行ラベルのインデント(C)：1 ⏶ 文字

レポート フィルター エリアでのフィールドの表示(D)：上から下 ⌄

レポート フィルターの列ごとのフィールド数(F)：0 ⏶

書式

☐ エラー値に表示する値(E)：

❷ ☑ 空白セルに表示する値(S)： 0 ❸

☑ 更新時に列幅を自動調整する(A)
☑ 更新時にセル書式を保持する(P)

クリック

OK　　キャンセル

すると、空白セルに「0」が入力されます（シート「Column-2」）。

空白セルに「0」が入力された

▲	A	B	C	D
1				
2				
3	合計 / 金額	列ラベル		
4	行ラベル ▼	デスクトップパソコン	ノートPC	総計
5	猿飛	666900	822400	1489300
6	宮本	0	1189200	1189200
7	佐々木	0	1020600	1020600
8	阪神	1292500	0	1292500
9	三吉	1220800	0	1220800
10	正岡	0	1660500	1660500
11	服部	0	506100	506100
12	総計	3180200	5198800	8379000

\Column/

リストデータをテーブル化するメリット

ピボットテーブルを作成する場合、元となるリストデータをExcelメニューの［挿入/テーブル］と選択して、テーブル化を行うことは、既にご存知かと思います。ではテーブル化をしておくと、どんなメリットがあるのかについて解説しておきましょう。

メリット❶ 1行おきに色違いで表示される

次のリストデータを、「テーブル」に変換することで、全体が1行おきの色違いになります。

テーブル化されていないリストデータ

	A	B	C	D	E	F	G
1							
2			売上一覧表				
3							
4	NO	日付	商品名	単価	数量	金額	担当
5	1	2020/5/1	ノートPC	205600	4	822400	猿飛
6	2	2020/5/1	デスクトップパソコン	222300	3	666900	猿飛
7	3	2020/5/1	デジカメ	55600	4	222400	猿飛
8	4	2020/5/2	KINECT	24800	6	148800	服部
9	5	2020/5/2	Leap Motion	12600	9	113400	服部
10	6	2020/5/2	ノートPC	168700	3	506100	服部
11	7	2020/5/3	デスクトップパソコン	258500	5	1292500	阪神
12	8	2020/5/3	プリンター	30500	6	183000	阪神
13	9	2020/5/4	ノートPC	184500	9	1660500	正岡
14	10	2020/5/5	KINECT	24800	11	272800	宮本
15	11	2020/5/5	マウス	3500	21	73500	宮本
16	12	2020/5/5	ノートPC	198200	6	1189200	宮本
17	13	2020/5/5	スキャナー	85000	3	255000	宮本
18	14	2020/5/6	デスクトップパソコン	305700	4	1222800	三吉
19	15	2020/5/6	デジカメ	55600	5	278000	三吉
20	16	2020/5/6	プリンター	52100	6	312600	三吉
21	17	2020/5/6	ディスプレイ	25900	3	77700	三吉
22	18	2020/5/7	ディスプレイ	39800	5	199000	佐々木
23	19	2020/5/7	ノートPC	145800	7	1020600	佐々木
24	20	2020/5/7	KINECT	24800	6	148800	佐々木

1行おきの色違いになることで、データの見間違いを防ぐことができるようになります。

テーブル化したデータベース

	A	B	C	D	E	F	G
1							
2			売上一覧表				
3							
4	NO	日付	商品名	単価	数量	金額	担当
5	1	2020/5/1	ノートPC	205600	4	822400	猿飛
6	2	2020/5/1	デスクトップパソコン	222300	3	666900	猿飛
7	3	2020/5/1	デジカメ	55600	4	222400	猿飛
8	4	2020/5/2	KINECT	24800	6	148800	服部
9	5	2020/5/2	Leap Motion	12600	9	113400	服部
10	6	2020/5/2	ノートPC	168700	3	506100	服部
11	7	2020/5/3	デスクトップパソコン	258500	5	1292500	阪神
12	8	2020/5/3	プリンター	30500	6	183000	阪神
13	9	2020/5/4	ノートPC	184500	9	1660500	正岡
14	10	2020/5/5	KINECT	24800	11	272800	宮本
15	11	2020/5/5	マウス	3500	21	73500	宮本
16	12	2020/5/5	ノートPC	198200	6	1189200	宮本
17	13	2020/5/5	スキャナー	85000	3	255000	宮本
18	14	2020/5/6	デスクトップパソコン	305200	4	1220800	三吉
19	15	2020/5/6	デジカメ	55600	5	278000	三吉
20	16	2020/5/6	プリンター	52100	6	312600	三吉
21	17	2020/5/6	ディスプレイ	25900	3	77700	三吉
22	18	2020/5/7	ディスプレイ	39800	5	199000	佐々木
23	19	2020/5/7	ノートPC	145800	7	1020600	佐々木
24	20	2020/5/7	KINECT	24800	6	148800	佐々木

メリット❷ データの抽出や並べ替えが即座にできる

データベースを「テーブル」化すると、自動的にフィルター機能が有効になります。

フィルター機能が有効になったデータベース

売上一覧表

NO	日付	商品名	単価	数量	金額	担当
1	2020/5/1	ノートPC	205600	4	822400	猿飛
2	2020/5/1	デスクトップパソコン	222300	3	666900	猿飛
3	2020/5/1	デジカメ	55600	4	222400	猿飛
4	2020/5/2	KINECT	24800	6	148800	服部
5	2020/5/2	Leap Motion	12600	9	113400	服部
6	2020/5/2	ノートPC	168700	3	506100	服部
7	2020/5/3	デスクトップパソコン	258500	5	1292500	阪神
8	2020/5/3	プリンター	30500	6	183000	阪神
9	2020/5/4	ノートPC	184500	9	1660500	正岡
10	2020/5/5	KINECT	24800	11	272800	宮本
11	2020/5/5	マウス	3500	21	73500	宮本
12	2020/5/5	ノートPC	198200	6	1189200	宮本
13	2020/5/5	スキャナ	65000	3	255000	宮本
14	2020/5/6	デスクトップパソコン	305200	4	1220800	三吉
15	2020/5/6	デジカメ	55600	5	278000	三吉
16	2020/5/6	プリンター	52100	6	312600	三吉
17	2020/5/6	ディスプレイ	25900	3	77700	三吉
18	2020/5/7	ディスプレイ	39800	5	199000	佐々木
19	2020/5/7	ノートPC	145800	7	1020600	佐々木
20	2020/5/7	KINECT	24800	6	148800	佐々木

　データの抽出や並び替えをExcelメニューから実行しなくても、各項目名の横に表示されている▼フィルターから操作ができるようになります。

項目名の横に表示されている▼フィルターで、並び替えや抽出が出来る

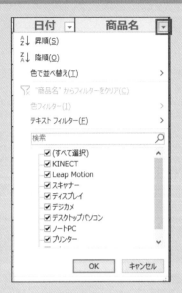

メリット❸　データを新規追加した際の手間が省ける

　画面のように21と入力した状態で Enter キーを押すと、Excel が自動的にテーブルの範囲を広げてくれます。

新規にデータを追加している

17	13	2020/5/5	スキャナー	85000	3	255000	宮本
18	14	2020/5/6	デスクトップパソコン	305200	4	1220800	三吉
19	15	2020/5/6	デジカメ	55600	5	278000	三吉
20	16	2020/5/6	プリンター	52100	6	312600	三吉
21	17	2020/5/6	ディスプレイ	25900	3	77700	三吉
22	18	2020/5/7	ディスプレイ	39800	5	199000	佐々木
23	19	2020/5/7	ノートPC	145800	7	1020600	佐々木
24	20	2020/5/7	KINECT	24800	6	148800	佐々木
25	21						

1行おきの色も自動的に設定されます。

自動的にテーブルの範囲が広がり、1行おきの色も設定された

NO	日付	商品名	単価	数量	金額	担当
1	2020/5/1	ノートPC	205600	4	822400	猿飛
2	2020/5/1	デスクトップパソコン	222300	3	666900	猿飛
3	2020/5/1	デジカメ	55600	4	222400	猿飛
4	2020/5/2	KINECT	24800	6	148800	服部
5	2020/5/2	Leap Motion	12600	9	113400	服部
6	2020/5/2	ノートPC	168700	3	506100	服部
7	2020/5/3	デスクトップパソコン	258500	5	1292500	阪神
8	2020/5/3	プリンター	30500	6	183000	阪神
9	2020/5/4	ノートPC	184500	9	1660500	正岡
10	2020/5/5	KINECT	24800	11	272800	宮本
11	2020/5/5	マウス	3500	21	73500	宮本
12	2020/5/5	ノートPC	198200	6	1189200	宮本
13	2020/5/5	スキャナー	85000	3	255000	宮本
14	2020/5/6	デスクトップパソコン	305200	4	1220800	三吉
15	2020/5/6	デジカメ	55600	5	278000	三吉
16	2020/5/6	プリンター	52100	6	312600	三吉
17	2020/5/6	ディスプレイ	25900	3	77700	三吉
18	2020/5/7	ディスプレイ	39800	5	199000	佐々木
19	2020/5/7	ノートPC	145800	7	1020600	佐々木
20	2020/5/7	KINECT	24800	6	148800	佐々木
21					0	

また、テーブルの右隅下にカーソルをもっていって、枠を広げると、手動でテーブルの範囲を広げることもできます。

テーブルの右隅下にマウスカーソルをもっていって、枠を広げる

9	5	2020/5/2	Leap Motion	12600	9	113400	服部
10	6	2020/5/2	ノートPC	168700	3	506100	服部
11	7	2020/5/3	デスクトップパソコン	258500	5	1292500	阪神
12	8	2020/5/3	プリンター	30500	6	183000	阪神
13	9	2020/5/4	ノートPC	184500	9	1660500	正岡
14	10	2020/5/5	KINECT	24800	11	272800	宮本
15	11	2020/5/5	マウス	3500	21	73500	宮本
16	12	2020/5/5	ノートPC	198200	6	1189200	宮本
17	13	2020/5/5	スキャナー	85000	3	255000	宮本
18	14	2020/5/6	デスクトップパソコン	305200	4	1220800	三吉
19	15	2020/5/6	デジカメ	55600	5	278000	三吉
20	16	2020/5/6	プリンター	52100	6	312600	三吉
21	17	2020/5/6	ディスプレイ	25900	3	77700	三吉
22	18	2020/5/7	ディスプレイ	39800	5	199000	佐々木
23	19	2020/5/7	ノートPC	145800	7	1020600	佐々木
24	20	2020/5/7	KINECT	24800	6	148800	佐々木

テーブルの範囲が広がった

9	5	2020/5/2	Leap Motion	12600	9	113400	服部
10	6	2020/5/2	ノートPC	168700	3	506100	服部
11	7	2020/5/3	デスクトップパソコン	258500	5	1292500	阪神
12	8	2020/5/3	プリンター	30500	6	183000	阪神
13	9	2020/5/4	ノートPC	184500	9	1660500	正岡
14	10	2020/5/5	KINECT	24800	11	272800	宮本
15	11	2020/5/5	マウス	3500	21	73500	宮本
16	12	2020/5/5	ノートPC	198200	6	1189200	宮本
17	13	2020/5/5	スキャナー	85000	3	255000	宮本
18	14	2020/5/6	デスクトップパソコン	305200	4	1220800	三吉
19	15	2020/5/6	デジカメ	55600	5	278000	三吉
20	16	2020/5/6	プリンター	52100	6	312600	三吉
21	17	2020/5/6	ディスプレイ	25900	3	77700	三吉
22	18	2020/5/7	ディスプレイ	39800	5	199000	佐々木
23	19	2020/5/7	ノートPC	145800	7	1020600	佐々木
24	20	2020/5/7	KINECT	24800	6	148800	佐々木
25						0	
26						0	
27						0	
28						0	

メリット❹　スクロールしても項目名が表示される

　テーブルは先頭行が項目名になっていますが、下にスクロールすると項目名が表示されなくなります。

項目名が表示されない

	A	B	C	D	E	F	G
22	18	2020/5/7	ディスプレイ	39800	5	199000	佐々木
23	19	2020/5/7	ノートPC	145800	7	1020600	佐々木
24	20	2020/5/7	KINECT	24800	6	148800	佐々木
25	21	2020/6/1	ノートPC	145800	6	874800	猿飛
26	22	2020/6/1	デスクトップパソコン	212800	4	851200	猿飛
27	23	2020/6/1	デジカメ	45800	3	137400	猿飛
28	24	2020/6/2	KINECT	24800	7	173600	服部
29	25	2020/6/2	Leap Motion	12600	5	63000	服部
30	26	2020/6/2	ノートPC	145800	4	583200	服部
31	27	2020/6/3	デスクトップパソコン	212800	7	1489600	阪神
32	28	2020/6/3	プリンター	34800	3	104400	阪神
33	29	2020/6/4	ノートPC	145800	4	583200	正岡
34	30	2020/6/5	KINECT	24800	8	198400	宮本
35	31	2020/6/5	マウス	3500	25	87500	宮本
36	32	2020/6/5	ノートPC	145000	3	437400	宮本

テーブル内のセルならどのセルでもいいので選択してから下にスクロールすると、列番号の部分に項目名が表示されます。

列番号の部分に項目名が表示される

	NO	日付	商品名	単価	数量	金額	担当
31	27	2020/6/3	デスクトップパソコン	212800	7	1489600	阪神
32	28	2020/6/3	プリンター	34800	3	104400	阪神
33	29	2020/6/4	ノートPC	145800	4	583200	正岡
34	30	2020/6/5	KINECT	24800	8	198400	宮本
35	31	2020/6/5	マウス	3500	25	87500	宮本
36	32	2020/6/5	ノートPC	145800	3	437400	宮本
37	33	2020/6/5	スキャナー	65800	4	263200	宮本
38	34	2020/6/6	デスクトップパソコン	212800	6	1276800	三吉
39	35	2020/6/6	デジカメ	45800	7	320600	三吉
40	36	2020/6/6	プリンター	34800	6	208800	三吉
41	37	2020/6/6	ディスプレイ	39800	4	159200	三吉
42	38	2020/6/7	ディスプレイ	39800	6	238800	佐々木
43	39	2020/6/7	ノートPC	145800	8	1166400	佐々木

Chapter

03

より実践的なデータで
データ分析を試そう！

Chapter03 の参考用 Excel データは
Chapter3_PivotTable 用データ .xlsx です。

月日別の売上を集計する

 月日別の売上件数を求める

　ここで使用するデータは、今までのデータと異なり、2020年5月〜2020年7月までの売上一覧表のデータを使用します。Excelメニューから［挿入/テーブル］と選択してテーブル化を行っておきます（「Chapter3_Data」シート）。

　次ページの画面では、データが全て表示し切れていませんが2020年7月までのデータが入力されています。

　では、まず初めに、「月日別の売上件数を求める」方法について解説しましょう。

月日別の売上件数を求めた

NO	日付	商品名	単価	数量	金額	担当
		売上一覧表(2020年5月～2020年7月)				
1	2020/5/1	ノートPC	205600	4	822400	猿飛
2	2020/5/1	デスクトップパソコン	222300	3	666900	猿飛
3	2020/5/1	デジカメ	55600	4	222400	猿飛
4	2020/5/2	KINECT	24800	6	148800	服部
5	2020/5/2	Leap Motion	12600	9	113400	服部
6	2020/5/2	ノートPC	168700	3	506100	服部
7	2020/5/3	デスクトップパソコン	258500	5	1292500	阪神
8	2020/5/3	プリンター	30500	6	183000	阪神
9	2020/5/4	ノートPC	184500	9	1660500	正岡
10	2020/5/5	KINECT	24800	11	272800	宮本
11	2020/5/5	マウス	3500	21	73500	宮本
12	2020/5/5	ノートPC	198200	6	1189200	宮本
13	2020/5/5	スキャナー	85000	3	255000	宮本
14	2020/5/6	デスクトップパソコン	305200	4	1220800	三吉
15	2020/5/6	デジカメ	55600	5	278000	三吉
16	2020/5/6	プリンター	52100	6	312600	三吉
17	2020/5/6	ディスプレイ	25900	3	77700	三吉
18	2020/5/7	ディスプレイ	39800	5	199000	佐々木
19	2020/5/7	ノートPC	145800	7	1020600	佐々木
20	2020/5/7	KINECT	24800	6	148800	佐々木
21	2020/6/1	ノートPC	145800	6	874800	猿飛
22	2020/6/1	デスクトップパソコン	212800	4	851200	猿飛
23	2020/6/1	デジカメ	45800	3	137400	猿飛

2020年5月～ 2020年7
月までのデータテーブル

既に解説済みの方法でピボットテーブルを作成します。「フィールドセクション」の「商品名」を、「レイアウトセクション」の「行」にドラッグ＆ドロップします。次に、「レイアウトセクション」の「値」に「数量」をドラッグ＆ドロップします。最後に、「日付」を「列」にドラッグ＆ドロップします。同時に「月」も追加されます。すると、月日ごとに、商品の売上数量が表示されます。

月別商品名の数量のレイアウトセクション

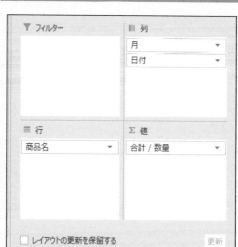

画面を見ると月別の数量は表示されていますが、月日別の数量が表示されていません。月日別の数量を表示させるには、例えば5月の前に付いている「＋」のアイコンをクリックすると、「月日」が展開されて表示されます。6月、7月も同じです。「＋」アイコンをクリックして月日別に展開すると、アイコンは「－」に変わります（シート「1」）。展開すると、列に長く表示されますのですべてが入りきりません。展開する「＋」アイコンは「－」アイコンに変わります。「－」アイコンをクリックする、月別の集計に変わります。

月別の商品名の数量が表示されている

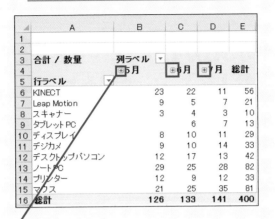

月日別の商品名の数量が表示されている

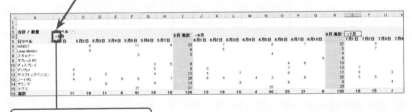

「-」アイコンに変化している

「+」アイコンをクリックする
ことで、月日別の数量が表示さ
れ、「-」アイコンに変わった。
「-」アイコンをクリックすると、
「+」アイコンに変わり、月別の
数量が表示されるようになる

商品別売上の割合 (構成比)を求めてみよう

 商品別売上の割合（構成比）

　ここでは、計算の種類を変更して、「構成比」を求めてみましょう。

　商品の「売上構成比」を求めるには、各商品の売上を全商品の売上で除算してパーセント表示（算出された値に100を乗算する）に変更する必要があります。ピボットテーブルを使えば、計算の種類を変更するだけで、簡単に「構成比」を求めることができます。

　まず、ピボットテーブルで、月ごとの商品の売上ピボットテーブルを作成します。「フィールドセクション」の「商品名」を、「レイアウトセクション」の「行」にドラッグ＆ドロップします。次に、「レイアウトセクション」の「値」に「金額」をドラッグ＆ドロップします。最後に、「月」を「列」にドラッグ＆ドロップします。これで、月別のピボットテーブルが作成されます。

月別のピボットテーブル

▲	A	B	C	D	E
1					
2					
3	合計 / 金額	列ラベル ▼			
4	行ラベル ▼	5月	6月	7月	総計
5	KINECT	❶ 570400	545600	272800	1388800
6	Leap Motion	113400	63000	88200	264600
7	スキャナー	255000	263200	197400	715600
8	タブレットPC		588000	686000	1274000
9	ディスプレイ	276700	398000	437800	1112500
10	デジカメ	500400	458000	641200	1599600
11	デスクトップパソコン	3180200	3617600	2766400	9564200
12	ノートPC	5198800	3645000	4082400	12926200
13	プリンター	495600	313200	417600	1226400
14	マウス	73500	87500	122500	283500
15	総計	10664000	9979100	9712300	30355400

　上の画面の状態で、セルB5にマウスカーソルを置き（❶）、Excel
メニューの「ピボットテーブル分析/フィールドの設定」（❷）と選択
します。

「ピボットテーブル分析/フィールドの設定」と選択

Excel 2019では
見た目が少し違
うね

すると「値フィールドの設定」のダイアログボックスが表示されます。

「名前の指定」に「構成比」（❸）と指定し、「計算の種類」タブをクリックします（❹）。表示される画面から、「計算の種類」に「列集計に対する比率」（❺）を選択し、「基準フィールド」が「商品名」（❻）になっているのを確認して［OK］ボタンをクリックします。

値フィールドの設定

すると、売上全体に占める各商品の売上の「構成比（割合）」が求められます。「総計（A15）」を100％とした、商品の割合が表示されました。

これだけで、月間の売上額から、各商品の「売上額の割合」が集計できました（シート「2」）。

売上全体に占める各商品の売上の「構成比（割合）」

	A	B	C	D	E
1					
2					
3	構成比	列ラベル ▾			
4	行ラベル ❼ ▾	5月	6月	7月	総計
5	KINECT	5.35%	5.47%	2.81%	4.58%
6	Leap Motion	1.06%	0.63%	0.91%	0.87%
7	スキャナー	2.39%	2.64%	2.03%	2.36%
8	タブレットPC	0.00%	5.89%	7.06%	4.20%
9	ディスプレイ	2.59%	3.99%	4.51%	3.66%
10	デジカメ	4.69%	4.59%	6.60%	5.27%
11	デスクトップパソコン	29.82%	36.25%	28.48%	31.51%
12	ノートPC	48.75%	36.53%	42.03%	42.58%
13	プリンター	4.65%	3.14%	4.30%	4.04%
14	マウス	0.69%	0.88%	1.26%	0.93%
15	総計	100.00%	100.00%	100.00%	100.00%

　前ページの画面の「構成比」見ると「行ラベル」と表示されている個所があります（❼）。ここを「商品名」に変えてみましょう。「行ラベル（A4）」にマウスカーソルを持っていき、ダブルクリックすると、項目が編集状態になるので、「商品名」に名前を変えるといいでしょう（❽）。

「行ラベル」を「商品名」に変更

	A	B	C	D	E
1					
2					
3	構成比	列ラベル ▾			
4	商品名 ❽ ▾	5月	6月	7月	総計
5	KINECT	5.35%	5.47%	2.81%	4.58%
6	Leap Motion	1.06%	0.63%	0.91%	0.87%
7	スキャナー	2.39%	2.64%	2.03%	2.36%
8	タブレットPC	0.00%	5.89%	7.06%	4.20%
9	ディスプレイ	2.59%	3.99%	4.51%	3.66%
10	デジカメ	4.69%	4.59%	6.60%	5.27%
11	デスクトップパソコン	29.82%	36.25%	28.48%	31.51%
12	ノートPC	48.75%	36.53%	42.03%	42.58%
13	プリンター	4.65%	3.14%	4.30%	4.04%
14	マウス	0.69%	0.88%	1.26%	0.93%
15	総計	100.00%	100.00%	100.00%	100.00%

Chapter 03

売上金額の前月比を 求めてみよう

売上金額の前月比を求める

月ごとの商品の売上ピボットテーブルを作成します。「フィールド
セクション」の「商品名」を、「レイアウトセクション」の「行」にド
ラッグ＆ドロップします。次に、「レイアウトセクション」の「値」
に「金額」をドラッグ＆ドロップします。最後に、「日付」を「列」に
ドラッグ＆ドロップします。同時に「月」も追加されます。これで、
月別のピボットテーブルが作成されます。

月別の売上表が作成された

	A	B	C	D	E
1					
2					
3	合計 / 金額	列ラベル ▾			
4		⊞5月	⊞6月	⊞7月	総計
5	行ラベル ▾				
6	KINECT	570400	545600	272000	1300000
7	Leap Motion	113400	63000	88200	261600
8	スキャナー	255000	263200	197400	715600
9	タブレットPC		500000	606000	1274000
10	ディスプレイ	276700	398000	437800	1112500
11	デジカメ	500400	459000	641200	1500600
12	デスクトップパソコン	3180200	3617600	2766400	9564200
13	ノートPC	5198800	3645000	4082400	12926200
14	プリンター	495600	313200	417600	1226400
15	マウス	73500	87500	122500	283500
16	総計	10664000	9979100	9712300	30355400

　このピボットテーブルには、行と列の両方に総計がありますが、今回は、列の総計は必要ないので非表示にします。ピボットテーブル内のセル（どこでもいい）を選択した状態で［デザイン/総計］（❶）と選択して「列のみ集計を行う」（❷）をクリックします。これで、列の総計が消えます。

「列のみ集計を行う」を選択

列の総計が消えた

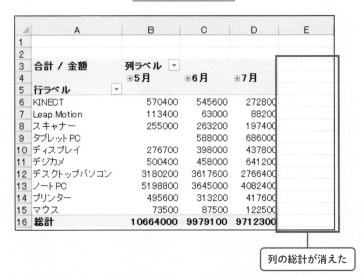

	A	B	C	D	E
1					
2					
3	合計 / 金額	列ラベル ▾			
4		⊞5月	⊞6月	⊞7月	
5	行ラベル ▾				
6	KINECT	570400	545600	272800	
7	Leap Motion	113400	63000	88200	
8	スキャナー	255000	263200	197400	
9	タブレットPC		588000	686000	
10	ディスプレイ	276700	398000	437800	
11	デジカメ	500400	458000	641200	
12	デスクトップパソコン	3180200	3617600	2766640	
13	ノートPC	5198800	3645000	4082400	
14	プリンター	495600	313200	417600	
15	マウス	73500	87500	122500	
16	総計	10664000	9979100	9712300	

列の総計が消えた

再度、「フィールドセクション」の「金額」を「レイアウトセクション」の「値」にドラッグ＆ドロップし、「前月比」を表示させる列を作成します（❸）。「値」のレイアウトセクション内には、「合計/金額」と「合計/金額2」の2つが追加されます。

「合計/金額2」には「前月比」を表示させる

	A	B	C	D	E	F	G
1							
2							
3		列ラベル ▼	❸		❸		❸
4		⊞5月		⊞6月		⊞7月	
5							
6	行ラベル ▼	合計/金額	合計/金額2	合計/金額	合計/金額2	合計/金額	金額2
7	KINECT	570400	570400	545600	545600	272800	272800
8	Leap Motion	113400	113400	63000	63000	88200	88200
9	スキャナー	255000	255000	263200	263200	197400	197400
10	タブレットPC			588000	588000	686000	686000
11	ディスプレイ	276700	276700	398000	398000	437800	437800
12	デジカメ	500400	500400	458000	458000	641200	641200
13	デスクトップパソコン	3180200	3180200	3617600	3617600	2766400	2766400
14	ノートPC	5198800	5198800	3645000	3645000	4082400	4082400
15	プリンター	495600	495600	313200	313200	417600	417600
16	マウス	73500	73500	87500	87500	122500	122500
17	総計	10664000	10664000	9979100	9979100	9712300	9712300

セル「C6」にマウスカーソルを置き、［ピボットテーブル分析/フィールドの設定］を選択します。

「値フィールドの設定」ダイアログボックスが表示されます。

名前の指定に「前月比」（❹）と指定します。「計算の種類」タブをクリックし、「基準値との差分の比率」（❺）を選択します。次に「基準フィールド」から「月」（❻）を選択し、「基準アイテム」から「（前の値）」（❼）を選択します。先月の基準値を求めるのですから、「（前の値）」を選択する必要があります。「OK」ボタンをクリックします。

値フィールドの設定

　すると、商品の売上金額から、「前月比」が計算されて表示されます
（シート「3」）。

「前月比」が表示された

▲	A	B	C	D	E	F	G
1							
2							
3		列ラベル ▾					
4		⊞5月		⊞6月		⊞7月	
5							
6	行ラベル ▾	合計 / 金額	前月比	合計 / 金額	前月比	合計 / 金額	前月比
7	KINECT	570400		545600	-4.35%	272800	-50.00%
8	Leap Motion	113400		63000	-44.44%	88200	40.00%
9	スキャナー	255000		263200	3.22%	197400	-25.00%
10	タブレットPC			588000		686000	16.67%
11	ディスプレイ	276700		398000	43.84%	437800	10.00%
12	デジカメ	500400		458000	-8.47%	641200	40.00%
13	デスクトップパソコン	3180200		3617600	13.75%	2766400	-23.53%
14	ノートPC	5198800		3645000	-29.89%	4082400	12.00%
15	プリンター	495600		313200	-36.80%	417600	33.33%
16	マウス	73500		87500	19.05%	122500	40.00%
17	総計	10664000		9779100	-6.42%	9712300	-2.67%

　5月の先月比は、5月より前のデータがないので空白になります。

集計値の累計を求める

 累計を求める

　ピボットテーブルを作成します。「フィールドセクション」の「日付」を「レイアウトセクション」の「行」に、「担当」を「列」に、「金額」を「値」の「レイアウトセクション」にドラッグ＆ドロップして、月別による担当者ごとの売上のピボットテーブルを作ります。月別に担当者ごとの売上が表示されます。

月別による担当者ごとの売上のレイアウトセクション

月別による担当者ごとの売上

	A	B	C	D	E	F	G	H	I	J
1										
2										
3	合計 / 金額	列ラベル								
4	行ラベル	綾瀬	猿飛	宮本	佐々木	阪神	三吉	正岡	服部	総計
5	⊞5月		1711700	1790500	1368400	1475500	1889100	1660500	768300	10664000
6	⊞6月	588000	1863400	986500	1578800	1594000	1965400	583200	819800	9979100
7	⊞7月	686000	2326400	1172900	856600	777600	1689000	1312200	891600	9712300
8	総計	1274000	5901500	3949900	3803800	3847100	5543500	3555900	2479700	30355400

　画面のピボットテーブルから「累計」を作成していきましょう。ま
ず「累計」を表示させる列を用意します。「フィールドセクション」
の「金額」を「レイアウトセクション」の「値」にドラッグ＆ドロッ
プします。すると「合計/金額2」という列が追加されます。この列
位置に「累計」を表示させます。

累計を表示させる列を追加した

	A	B	C	D	E	F	G	H
1								
2								
3		列ラベル						
4		綾瀬		猿飛		宮本		佐々木
5	行ラベル	合計 / 金額	合計 / 金額2	合計 / 金額	合計 / 金額2	合計 / 金額	合計 / 金額2	合計 / 金額
6	⊞5月			1711700	1711700	1790500	1790500	136
7	⊞6月	588000	588000	1863400	1863400	986500	986500	157
8	⊞7月	686000	686000	2326400	2326400	1172900	1172900	85
9	総計	1274000	1274000	5901500	5901500	3949900	3949900	380

　ピボットテーブルのセル「C5」を選択した状態で、Excel メニュー
の［ピボットテーブル分析/フィールドの設定］と選択します。
　次のページの画面のように値フィールドの設定ダイアログボック
スが表示されますので、「名前の指定」に「累計」（❶）と入力します。

「計算の種類」タブをクリックし、「累計」(❷)を選択します。「基準フィールド」には「月」(❸)を選択します。[OK]ボタンをクリックします。

累計の値フィールドの設定を行う

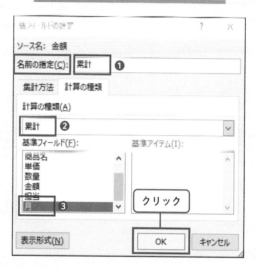

すると、売上の「累計」が表示されます。

売上の「累計」が表示された

ここで、「合計/金額」と表示されている個所を「売上」という文字に変更してみましょう。

　「セルB5（合計/金額）」を選択した状態で、「フィールドの設定」を選択します。すると、「値フィールドの設定」ダイアログボックスが起動しますので、「名前の指定」の個所に、「売上」と入力します。他は一切触らないでおきます。［OK］ボタンをクリックすると、「合計/金額」が全て「売上」に変わります（シート「4」）。

「合計/金額」が「売上」に変わった

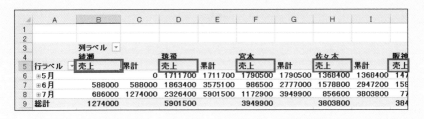

「合計/金額」の項目
名を「売上」という
項目名に変えたよ

商品名をグループ化する

 商品名をパソコンというグループにまとめる

「フィールドセクション」から「商品名」を「レイアウトセクション」の「行」にドラッグ＆ドロップします。「金額」を「値」にドラッグ＆ドロップして、商品名の売上金額のピボットテーブルを作成します。

商品名の売上ピボットテーブル

	A	B
1		
2		
3	行ラベル ▼	合計 / 金額
4	KINECT	1388800
5	Leap Motion	264600
6	スキャナー	715600
7	タブレットPC	1274000
8	ディスプレイ	1112500
9	デジカメ	1599600
10	デスクトップパソコン	9564200
11	ノートPC	12926200
12	プリンター	1226400
13	マウス	203500
14	総計	30355400

　売上ピボットテーブルから、「タブレットPC」と「デスクトップパソコン」、「ノートPC」を Ctrl キーを押しながら同時に選択します。これらの商品を「パソコン」というグループに入れてみましょう。

　次に、Excelメニューの［ピボットテーブル分析 / グループの選択］
（❶）と選択します。

「グループの選択」を選択

　すると「グループ1」の下に「タブレットPC」、「デスクトップパ
ソコン」、「ノートPC」が表示されます。「グループ1」をクリックし
て「パソコン」という名前に修正します。

「パソコン」というグループを作成した

	A	B
1		
2		
3	行ラベル ▼	合計 / 金額
4	⊟KINECT	1388800
5	KINECT	1388800
6	⊟Leap Motion	264600
7	Leap Motion	264600
8	⊟スキャナー	715600
9	スキャナ	715600
10	⊟パソコン	23764400
11	タブレットPC	1274000
12	デスクトップパソコン	9564200
13	ノートPC	12926200
14	⊟ディスプレイ	1112500
15	ディスプレイ	1112500
16	⊟デジカメ	1599600
17	デジカメ	1599600
18	⊟プリンター	1226400
19	プリンター	1226400
20	⊟マウス	283500
21	マウス	283500
22	総計	30355400

同じ手順で、「KINECT」と「Leap Motion」を「センサー」という
グループにまとめ、そのほかの商品を「周辺機器」にグループ化して
みましょう（シート「5」）。

各商品をグループ化した

▲	A	B
1		
2		
3	行ラベル　　　　　▼	合計 / 金額
4	⊟ センサー	**1653400**
5	KINECT	1388800
6	Leap Motion	264600
7	⊟ 周辺機器	**4037600**
8	スキャナー	715600
9	ディスプレイ	1112500
10	デジカメ	1000000
11	プリンター	1226400
12	マウス	283500
13	⊟ パソコン	**23764400**
14	タブレット PC	1274000
15	デスクトップパソコン	9564200
16	ノート PC	12926200
17	**総計**	**30355400**

　Chapter03はこれで終わりです。ピボットテーブルを使用すると、
いろいろな形で分析ができることがおわかりいただけたと思います。
データを分析して、今後の売上対策等に大いに利用できるのではな
いでしょうか。

\Column/

各商品の合計金額から平均値を求める

商品の合計金額を表示したピボットテーブルがあります。

商品名毎の合計金額を表示したピボットテーブル

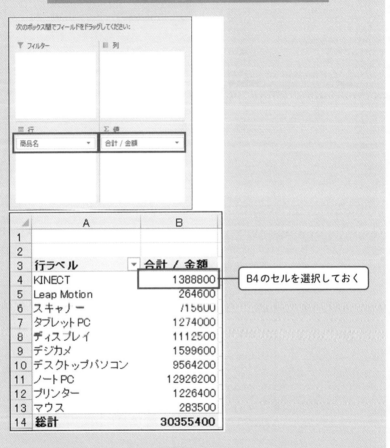

次のボックス間でフィールドをドラッグしてください:

▼ フィルター　　　　 ▥ 列

▤ 行　　　　　　　　 Σ 値

| 商品名 | ▼ | | 合計 / 金額 | ▼ |

▲	A	B
1		
2		
3	**行ラベル** ▼	**合計 / 金額**
4	KINECT	1388800
5	Leap Motion	264600
6	スキャナー	715600
7	タブレット PC	1274000
8	ディスプレイ	1112500
9	デジカメ	1599600
10	デスクトップパソコン	9564200
11	ノート PC	12926200
12	プリンター	1226400
13	マウス	283500
14	**総計**	**30355400**

B4 のセルを選択しておく

この合計金額から平均値を表示させてみましょう。ピボットテーブル内の
B4のセルを選択してマウスの右クリックをします。するとメニューが表示さ
れますので、［値の集計方法 / 平均］と選択します。

［値の集計方法／平均］と選択

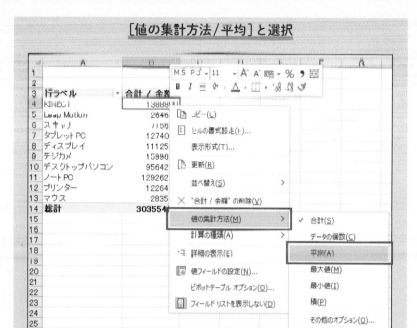

すると各商品名の平均値が表示されます（シート「Column3-1」）。

平均値が表示された

\Column/

ピボットテーブルのソース データを変更する

　ピボットテーブルを作成した後で、そのソース データの範囲を変更できます。

　「売上一覧表（2020年5月〜2020年7月）」のソースデータを使用して、担当者別で商品名の合計金額のピボットテーブルを作成します。

「売上一覧表（2020年5月〜2020年7月）」のソースデータ

A	B	C	D	E	F	G
		売上一覧表(2020年5月〜2020年7月)				
NO	日付	商品名	単価	数量	金額	担当
1	2020/5/1	ノートPC	205600	4	822400	猿飛
2	2020/5/1	デスクトップパソコン	222300	3	666900	猿飛
3	2020/5/1	デジカメ	55600	4	222400	猿飛
4	2020/5/2	KINECT	24800	6	148800	服部
5	2020/5/2	Leap Motion	12600	9	113400	服部
6	2020/5/2	ノートPC	168700	3	506100	服部
7	2020/5/3	デスクトップパソコン	258500	5	1292500	阪神
8	2020/5/3	プリンター	30500	6	183000	阪神
9	2020/5/4	ノートPC	184500	9	1660500	正岡
10	2020/5/5	KINECT	24800	11	272800	宮本
11	2020/5/5	マウス	3500	21	73500	宮本
12	2020/5/5	ノートPC	198200	6	1189200	宮本
13	2020/5/5	スキャナー	85000	3	255000	宮本
14	2020/5/6	デスクトップパソコン	305200	4	1220800	三吉
15	2020/5/6	デジカメ	55600	3	278000	三吉
16	2020/5/6	プリンター	52100	6	312600	三吉
17	2020/5/6	ディスプレイ	25900	3	77700	三吉
18	2020/5/7	ディスプレイ	39800	5	199000	佐々木
19	2020/5/7	ノートPC	145800	7	1020600	佐々木
20	2020/5/7	KINECT	24800	6	148800	佐々木
21	2020/6/1	ノートPC	145800	6	874800	猿飛
22	2020/6/1	デスクトップパソコン	212800	4	851200	猿飛

　このソースデータから担当者別で商品名の合計金額のピボットテーブルを作成します。「フィールドセクション」から「担当」と「商品名」を「行」、「金額」を「値」、「日付」を「レイアウトセクション」の「列」にドラッグ＆ドロップしました。「日付」をドラッグ＆ドロップすると「月」も自動的追加されます。

「売上一覧表（2020年5月～ 2020年7月）」の ソースデータから作成したピボットテーブル

	A	B	C	D	E
1					
2					
3	合計 / 金額	列ラベル ▼			
4		⊞5月	⊞6月	⊞7月	総計
5	行ラベル ▼				
6	⊟綾瀬		588000	686000	1274000
7	タブレット PC		588000	686000	1274000
8	⊟猿飛	1711700	1863400	2326400	5901500
9	デジカメ	222400	137400	320600	680400
10	デスクトップパソコン	666900	851200	1276800	2794900
11	ノート PC	822400	874800	729000	2426200
12	⊟宮本	1790500	986500	1172900	3949900
13	KINECT	272800	198400	124000	595200
14	スキャナー	255000	263200	197400	715600
15	ノート PC	1109200	437400	729000	2355600
16	マウス	73500	87500	122500	283500
17	⊟佐々木	1368400	1578800	856600	3803800
18	KINECT	148800	173600	74400	396800
19	ディスプレイ	199000	238800	199000	636800
20	ノート PC	1020600	1166400	583200	2770200
21	⊟阪神	1475500	1594000	777600	3847100
22	デスクトップパソコン	1292500	1489600	638400	3420500
23	プリンター	183000	104400	139200	426600
24	⊟三吉	1889100	1965400	1689000	5543500
25	ディスプレイ	77700	159200	238800	475700
26	デジカメ	278000	320600	320600	919200
27	デスクトップパソコン	1220800	1276800	851200	3348800
28	プリンター	312600	208800	278400	799800
29	⊟正岡	1660500	583200	1312200	3555900
30	ノート PC	1660500	583200	1312200	3555900
31	⊟服部	768300	819800	891600	2479700
32	KINECT	148800	173600	74400	396800
33	Leap Motion	113400	63000	88200	264600
34	ノート PC	506100	583200	729000	1818300
35	総計	10664000	9979100	9712300	30355400

この作成したピボットテーブルのソースデータを変更してみましょう。変更に使用するのは、「売上一覧表（2018年5月～ 2018年7月）」のデータです（シート「Lesson用データ」）。変更箇所がわかり難いですが、「担当」の名前が変更されているのが　番わかりやすいです。

「売上一覧表(2018年5月～2018年7月)」のデータ

	A	B	C	D	E	F
1						
2		売上一覧表(2018年5月～2018年7月)				
3						
4	日付	商品名	単価	数量	金額	担当
5	2018/5/1	ノートPC	145800	3	437400	夏目
6	2018/5/1	デスクトップパソコン	212800	2	425600	夏目
7	2018/5/1	デジカメ	45800	3	137400	夏目
8	2018/5/2	KINECT	24800	5	124000	久利
9	2018/5/2	Leap Motion	12600	8	100800	久利
10	2018/5/2	ノートPC	145800	2	291600	久利
11	2018/5/3	デスクトップパソコン	212800	4	851200	阪神
12	2018/5/3	プリンター	34800	5	174000	阪神
13	2018/5/4	ノートPC	145800	8	1166400	正岡
14	2018/5/5	KINECT	24800	10	248000	愛媛
15	2018/5/5	マウス	3500	20	70000	愛媛
16	2018/5/5	ノートPC	145800	5	729000	愛媛
17	2018/5/5	スキャナー	65800	2	131600	愛媛
18	2018/5/6	デスクトップパソコン	212800	3	638400	内田
19	2018/5/6	デジカメ	45800	4	183200	内田
20	2018/5/6	プリンター	34800	5	174000	内田
21	2018/5/6	ディスプレイ	39800	2	79600	内田
22	2018/5/7	ディスプレイ	39800	4	159200	薬師寺
23	2018/5/7	ノートPC	145800	6	874800	薬師寺
24	2018/5/7	KINECT	24800	5	124000	薬師寺
25	2018/5/10	タブレットPC	98000	8	784000	広瀬
26	2018/6/1	ノートPC	145800	6	874800	夏目
27	2018/6/1	デスクトップパソコン	212800	4	851200	夏目
28	2018/6/1	デジカメ	45800	3	137400	夏目
29	2018/6/2	KINECT	24800	7	173600	久利
30	2018/6/2	Leap Motion	12600	5	63000	久利
31	2018/6/2	ノートPC	145800	4	583200	久利
32	2018/6/3	デスクトップパソコン	212800	7	1489600	阪神
33	2018/6/3	プリンター	34800	3	104400	阪神
34	2018/6/4	ノートPC	145800	4	583200	正岡
35	2018/6/5	KINECT	24800	8	198400	愛媛

　先に作っておいたピボットテーブルのソースデータをこのデータに変更してみましょう。

　先に作っておいたピボットテーブル内のセル（どこでもいい）を選択し、Excelメニューの［ピボットテーブル分析/データソースの変更/データソースの変更］（❶）と選択します。

［ピボットテーブル分析／データソースの変更 ／データソースの変更］と選択する

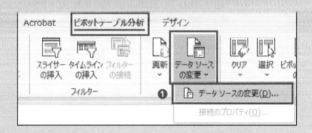

　すると、「ピボットテーブルのデータソースの変更」ダイアログボックスが
開きますので、「テーブル／範囲」の右隅にある上向き矢印（❷）をクリック
して「売上一覧表（2018年5月・2018年7月）」のデータを指定します。

「ピボットテーブルのデータソースの変更」ダイアログボックス

　すると「ピボットテーブルの移動」が表示されますので、「売上一覧表
（2018年5月・2018年7月）」のデータの範囲を選択します。

「売上一覧表（2018年5月～ 2018年7月）」のデータ範囲を指定した

	A	B	C	D	E	F	G	H
2		売上一覧表(2018年5月～2018年7月)						
3								
4	日付	商品名	単価	数量	金額	担当		
5	2018/5/1	ノートPC	145800	3	437400	夏目		
6	2018/5/1	デスクトップパソコン	212800	2	425600	夏目		
7	2018/5/1	デジカメ	45800	3	137400	夏目		
8	2018/5/2	KINECT	24800	5	124000	久利		
9	2018/5/2	Leap Motion	12600	8	100800	久利		
10	2018/5/2	ノートPC	145800	2	291600	久利		
11	2018/5/3	デスクトップパソコン	212800	4	851200	阪神		
12	2018/5/3	プリンター	34800	5	174000	阪神		
13	2018/5/4	ノートPC	145800	8	1166400	正岡		
14	2018/5/5	KINECT						
15	2018/5/5	マウス						
16	2018/5/5	ノートPC			729000	正岡		
17	2018/5/5	スキャナー	65800	2	131600	愛媛		

（ダイアログ）ピボットテーブルの移動　?　×
売上一覧表

　範囲を指定したらダイアログボックスを「×」で閉じると、「ピボットテーブルのデータソースの変更」ダイアログボックが表示されますので、「OK」をクリックします。すると、ピボットテーブルが変更されます。担当者名が変更されているのが一番わかり易いです（シート「Column3-2」）。

データソースが変更されたピボットテーブル

	A	B	C	D	E
1					
2					
3	合計 / 金額	列ラベル			
4		⊞5月	⊞6月	⊞7月	総計
5	行ラベル				
6	⊟阪神	1025200	1594000	777600	3396800
7	デスクトップパソコン	851200	1489600	638400	2979200
8	プリンター	174000	104400	139200	417600
9	⊟正岡	1166400	583200	1312200	3061800
10	ノートPC	1166400	583200	1312200	3061800
11	⊟夏目	1000400	1863400	2326400	5190200
12	デジカメ	137400	137400	320600	595400
13	デスクトップパソコン	425600	851200	1276800	2553600
14	ノートPC	437400	874800	729000	2041200
15	⊟久利	516400	819800	891600	2227800
16	KINECT	124000	173600	74400	372000
17	Leap Motion	100800	63000	88200	252000
18	ノートPC	291600	583200	729000	1603800
19	⊟愛媛	1178600	986500	1172900	3338000
20	KINECT	248000	198400	124000	570400
21	スキャナー	131600	263200	197400	592200
22	ノートPC	729000	437400	729000	1895400
23	マウス	70000	87500	122500	280000
24	⊟内田	1075200	1965400	1689000	4729600
25	ディスプレイ	79600	159200	238800	477600
26	デジカメ	183200	320600	320600	824400
27	デスクトップパソコン	638400	1276800	851200	2766400
28	プリンター	174000	208800	278400	661200
29	⊟薬師寺	1158000	1578800	856600	3593400
30	KINECT	124000	173600	74400	372000
31	ディスプレイ	159200	238800	199000	597000
32	ノートPC	874800	1166400	583200	2624400
33	⊟広瀬	784000	588000	686000	2058000
34	タブレットPC	784000	588000	686000	2058000
35	総計	7904200	9979100	9712300	27595600

行見出しだけの集計表とは

「列ラベル」を設定することなく、「行ラベル」と「値」だけに項目を設定すると、行見出しと集計値だけが表示されます。これを「単純集計表」といいます。

商品名が「行ラベル」に並び、それぞれの売上金額が右のセルに表示されるような表になります。

単純集計表

	A	B
1		
2		
3	行ラベル ▼	合計 / 金額
4	KINECT	1388800
5	Leap Motion	264600
6	スキャナー	715600
7	タブレット PC	1274000
8	ディスプレイ	1112500
9	デジカメ	1599600
10	デスクトップパソコン	9564200
11	ノート PC	12926200
12	プリンター	1226400
13	マウス	283500
14	**総計**	**30355400**

Chapter

04

慣れると簡単！
数秒で作るピボットテーブル

Chapter04 の参考用 Excel データは
Chapter4_PivotTable 用データ .xlsx です。

データとピボットテーブルが同じシート上に作成されている場合のピボットテーブルだけの削除方法

 ピボットテーブルだけを削除するには

　ピボットテーブルが別なワークシートに表示されている場合は、そのワークシート毎削除すれば、事は解決できますが、データとピボットテーブルが同じシート上に作成されている場合、ピボットテーブルだけを削除するには、どういった手順を踏めばいいかを解説します。同じシート上にピボットテーブルが作成されるのは、ピボットテーブルを作成する場合に、「新規ワークシート」ではなくて、「既存のワークシート」を選択し、ピボットテーブルを作成する「場所」を既存のシート上に選択した場合になります。

既存のワークシートを選択した

ピボットテーブルの作成

分析するデータを選択してください。

◉ テーブルまたは範囲を選択(S)

　　テーブル/範囲(T): テーブル1_13

○ 外部データソースを使用(U)

　　　接続の選択(C)...

　　接続名:

○ このブックのデータモデルを使用する(D)

ピボットテーブルレポートを配置する場所を選択してください。

○ 新規ワークシート(N)

◉ 既存のワークシート(E)

　　場所(L):

複数のテーブルを分析するかどうかを選択

□ このデータをデータモデルに追加する(M)

OK　　キャンセル

「既存のワークシート」
をチェック！

　ここで使用するデータは（シート「Chapter_4_Data」)になります。
「フィールドセクション」の「商品名」を、「レイアウトセクション」
の「行」にドラッグ＆ドロップします。次に、「レイアウトセクショ
ン」の「値」に「金額」をドラッグ＆ドロップします。

「商品別売上ピボットテーブル」のピボットテーブルのみを削除してみましょう。

データとピボットテーブルが同じシート上に作成されている

NO	日付	商品名	単価	数量	金額	担当
		売上一覧表(2020年5月~2020年7月)				
1	2020/5/1	ノートPC	205600	4	822400	猿飛
2	2020/5/1	デスクトップパソコン	222300	3	666900	猿飛
3	2020/5/1	デジカメ	55600	4	222400	猿飛
4	2020/5/2	KINECT	24800	6	148800	服部
5	2020/5/2	Leap Motion	12600	9	113400	服部
6	2020/5/2	ノートPC	168700	3	506100	服部
7	2020/5/3	デスクトップパソコン	258500	5	1292500	阪神
8	2020/5/3	プリンター	30500	6	183000	阪神
9	2020/5/4	ノートPC	184500	9	1660500	正岡
10	2020/5/5	KINECT	24800	11	272800	宮本
11	2020/5/5	マウス	3500	21	70000	富田
12	2020/5/5	ノートPC	198200	6	1189200	宮本
13	2020/5/5	スキャナー	85000	3	255000	宮本
14	2020/5/6	デスクトップパソコン	305200	4	1220800	三吉
15	2020/5/6	デジカメ	55600	5	278000	

行ラベル	合計 / 金額
KINECT	1388800
Leap Motion	264600
スキャナー	715600
タブレット PC	1274000
ディスプレイ	1112500
デジカメ	1599600
デスクトップパソコン	9564200
ノートPC	12674000
プリンター	1226400
マウス	283500
総計	30355400

商品別売上ピボットテーブルがデータと同じシート上に作成されているね

商品別売上ピボットテーブル

まず、ピボットテーブル内の任意のセルを選択しておきます。Excelメニューの［ピボットテーブル分析/選択/ピボットテーブル全体］（❶）と選択します。するとピボットテーブル全体が選択された状態になります。

この状態から「キーボード」の Delete キーを押すと削除ができます。これだけです。簡単ではないでしょうか。

ピボットテーブル全体が選択状態になる

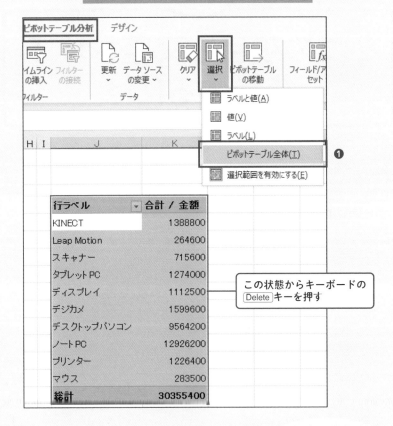

この状態からキーボードの[Delete]キーを押す

ピボットテーブルが選択
された状態で、キーボー
ドの[Delete]キーから削
除できる

2つの項目を交差させて集計するには

↓

 クロス集計について

　2つの項目を交差させて集計をすると、今までは見えていなかった、データの見え方が変わってくることがあります。いわゆるこれが**クロス集計**です。

　「クロス集計」という言葉は、ここで初めて登場したように思われるかもしれませんが、今までの章で作成したピボットテーブルは、ほとんどが「クロス集計」になります。

　例えば、「商品名」と「担当」の売上があり、各担当の売上の総計と各商品名の総計が交わった個所の金額が同じになっています（）。簡単にいうと、いわゆるこれが「クロス集計」になります。

　ピボットテーブルを使用すると、項目の配置を頭に描いて、「レイアウトセクション」に項目名をドラッグ＆ドロップすると、自然と「クロス集計」が作成される訳です。

　「列ラベル」の▼フィルターから「猿飛」と「佐々木」を選択して[OK]をクリックすると、「猿飛」と「佐々木」の各商品の総計が表示されます。行と列の総計が交わった箇所の金額が同じで、クロス集計されていることになります（シート「2」）。

クロス集計ピボットテーブル

	A	B	C	D	E	F	G	H	I	J
1										
2										
3	合計 / 金額	列ラベル								
4	行ラベル	綾瀬	猿飛	宮本	佐々木	阪神	三吉	正岡	服部	総計
5	KINECT			595200	396800				396800	1388800
6	Leap Motion								264600	264600
7	スキャナー			715600						715600
8	タブレット PC	1274000								1274000
9	ディスプレイ				636800		475700			1112500
10	デジカメ		680400				919200			1599600
11	デスクトップパソコン		2794900			3420500	3348800			9564200
12	ノート PC		2426200	2355600	2770200			3555900	1818300	12926200
13	プリンター					426600	799800			1226400
14	マウス			283500						283500
15	総計	1274000	5901500	3949900	3803800	3847100	5543500	3555900	2479700	30355400

❶

「猿飛」と「佐々木」のクロス集計

	A	B	C	D
1				
2				
3	合計 / 金額	列ラベル		
4	行ラベル	猿飛	佐々木	総計
5	KINECT		396800	396800
6	ディスプレイ		636800	636800
7	デジカメ	680400		680400
8	デスクトップパソコン	2794900		2794900
9	ノート PC	2426200	2770200	5196400
10	総計	5901500	3803800	9705300

各担当の売上の総計と各商品名の
総計が、交わった個所の金額が同
じになっている。これが「クロス
集計」になります

全ての分類の商品を合計して表の下に表示するには

 全ての分類の商品を合計して表の下に表示する

　ここでは、月ごとと、商品名別に売上を集計したデータを基に、「分類した商品の合計額も表として追加」した集計表を作ってみましょう。

　まず、月とグループ化された商品名のピボットテーブルを使用します。「フィールドセクション」から「月」を「レイアウトセクション」の「行」にドラッグ＆ドロップし、「商品名」も「行」にドラッグ＆ドロップします。「金額」は「値」にドラッグ＆ドロップし、作成されたピボットテーブルから、「商品名」を選択してグループ化すると、「商品名でグループ化されたピボットテーブル」が作成されます。

　グループ化についてはChapter03を参照してください。

商品でグループ化されたピボットテーブル

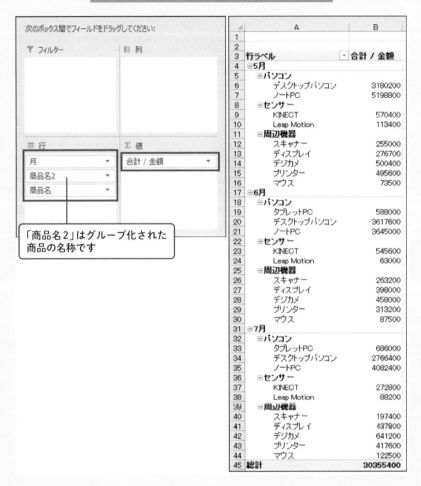

「商品名2」はグループ化された商品の名称です

　グループ化したピボットテーブルから「商品名」をどれでもいいので選択しておきます。Excelメニューの［ピボットテーブル分析/フィールドの設定］と選択します（❶）。

「フィールドの設定」を選択する

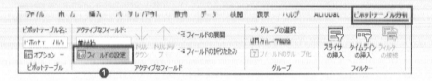

　「フィールドの設定」ダイアログボックスが表示されます。「小計
とフィルター」タブを選択し、「小計」の「指定」(❷) を選択します。
「1つ以上の関数を選択してください」で「合計」(❸)を選択し、[OK]
ボタンをクリックします。

関数で「合計」を選択する

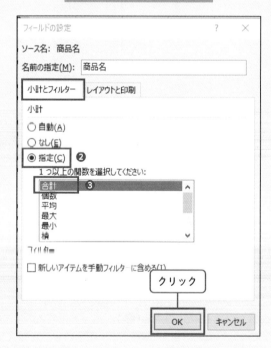

すると、一番下に各商品の売上合計金額が集計され表として追加されます（❹）（シート「3」）。

商品毎の売上合計金額を集計したデータが、表として追加された

	A	B
18	⊟パソコン	
19	タブレット PC	588000
20	デスクトップパソコン	3617600
21	ノート PC	3645000
22	⊟センサー	
23	KINECT	545600
24	Leap Motion	63000
25	⊟周辺機器	
26	スキャナー	263200
27	ディスプレイ	398000
28	デジカメ	458000
29	プリンター	313200
30	マウス	87500
31	⊟7月	
32	⊟パソコン	
33	タブレット PC	686000
34	デスクトップパソコン	2766400
35	ノート PC	4082400
36	⊟センサー	
37	KINECT	272800
38	Leap Motion	88200
39	⊟周辺機器	
40	スキャナー	197400
41	ディスプレイ	437800
42	デジカメ	641200
43	プリンター	417600
44	マウス	1225000
45	KINECT 合計	1388800
46	Leap Motion 合計	264600
47	スキャナー 合計	715600
48	タブレット PC 合計　❹	1274000
49	ディスプレイ 合計	1112500
50	デジカメ 合計	1599600
51	デスクトップパソコン 合計	9564200
52	ノート PC 合計	12926200
53	プリンター 合計	1226400
54	マウス 合計	283500
55	総計	30355400

指定した担当者や商品分類の集計結果を表示する

 レポートフィルターでの絞り込み

　ここでは担当者名で区分された商品名が、グループ化されて表示されているピボットテーブルを使用します。このピボットテーブルの作成の仕方は今までに解説してきていますので、わからない方はChapter 03を読みなおしてください。

「フィールドセクション」から「担当」「商品名2」「商品名」を「レイアウト・セクション」の「行」にドラッグ＆ドロップし、「金額」は「値」にドラッグ＆ドロップするよ

グループ1、グループ2、グループ3は名称を変更してね

担当者名で区分された商品名が
グループ化されたレイアウトセクション

次のボックス間でフィールドをドラッグしてください:

▼ フィルター	▥ 列

☰ 行	Σ 値
担当　　　　　　　　▼	合計 / 金額　　　　　　▼
商品名2　　　　　　▼	
商品名　　　　　　　▼	

　上記のレイアウトセクションで作成したのが次ページのピボット
テーブルになります。

担当者名で区分された商品名が、
グループ化されて表示されているピボットテーブル

行ラベル	合計 / 金額
⊟綾瀬	1274000
⊟パソコン	
タブレットPC	1274000
⊟猿飛	5901500
⊟周辺機器	
デジカメ	680400
⊟パソコン	
デスクトップパソコン	2794900
ノートPC	2426200
⊟宮本	3949900
⊟センサー	
KINECT	595200
⊟周辺機器	
スキャナー	715600
マウス	283500
⊟パソコン	
ノートPC	2355600
⊟佐々木	3803800
⊟センサー	
KINECT	396800
⊟周辺機器	
ディスプレイ	636800
⊟パソコン	
ノートPC	2770200
⊟阪神	3847100
⊟周辺機器	
プリンター	426600
⊟パソコン	
デスクトップパソコン	3420500
⊟三吉	5543500
⊟周辺機器	
ディスプレイ	475700
デジカメ	919200
プリンター	799800
⊟パソコン	
デスクトップパソコン	3348800
⊟正岡	3555900
⊟パソコン	
ノートPC	3555900
⊟服部	2479700

　この状態で、「レイアウトセクション」の「行」に配置していた「担
当」を「フィルター」エリアにドラッグ＆ドロップします。

「担当」を「フィルター」エリアにドラッグ＆ドロップした

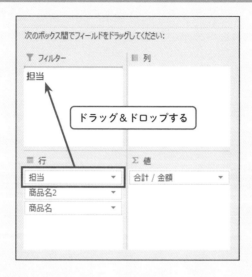

　すると、ピボットテーブルに「担当」のフィルターエリアが追加されます。

「担当」のフィルターエリアが追加されたピボットテーブル

	A	B
1	担当	(すべて)
2		
3	行ラベル	合計 / 金額
4	⊟センサー	
5	KINECT	1388800
6	Leap Motion	264600
7	⊟周辺機器	
8	スキャナー	715600
9	ディスプレイ	1112500
10	デジカメ	1599600
11	プリンター	1226400
12	マウス	283500
13	⊟パソコン	
14	タブレット PC	1274000
15	デスクトップパソコン	9564200
16	ノート PC	12926200
17	総計	30355400

「担当」のフィルターで、「(すべて)」の横の「▼」フィルターをクリックすると、担当名が表示されますので、任意の担当者名を選択すると、該当する担当名のピボットテーブルが表示されます(シート「4-1」)。

担当名に「佐々木」を選択して、
「佐々木」のピボットテーブルが表示された

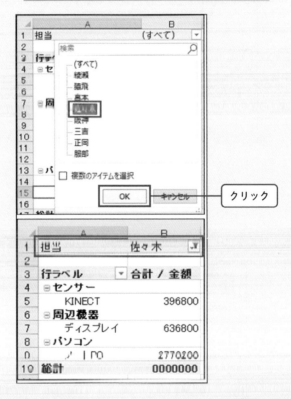

次に、グループの商品名で集計結果を表示してみましょう。

「レイアウトセクション」の「フィルター」に配置していた「担当」を元の「行」エリアの一番先頭に戻し、代わりに、「商品名2」を「フィルター」エリアにドラッグ&ドロップします。「商品名」も追加

されていますが、「商品名2」のほうを「フィルター」エリアにドラッグ＆ドロップしてください。「商品名2」はグループ化された名称になります。

「商品名2」を「フィルター」エリアにドラッグ＆ドロップした

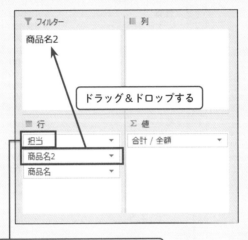

ドラッグ＆ドロップする

「行」エリア内の「担当」は一番先頭にもってきておく。そうしないと、担当者別の分類がなされない

　すると、「商品名2」が、フィルターとしてピボットテーブルに追加されます。

「商品名2」フィルターが追加されたピボットテーブル

1	商品名2	（すべて）　▼
2		
3	**行ラベル** ▼	**合計 / 金額**
4	⊟ **綾瀬**	**1274000**
5	タブレットPC	1274000
6	⊟ **猿飛**	**5901500**
7	デジカメ	680400
8	デスクトップパソコン	2794900
9	ノートPC	2426200
10	⊟ **宮本**	**3949900**
11	KINECT	595200
12	スキャナー	715600
13	ノートPC	2355600
14	マウス	283500
15	⊟ **佐々木**	**3937000**
16	KINECT	396800
17	ディスプレイ	636800
18	ノートPC	2770200
19	⊟ **阪神**	**3847100**
20	デスクトップパソコン	3420500
21	プリンター	426600
22	⊟ **三吉**	**5543500**
23	ディスプレイ	475700
24	デジカメ	919200
25	デスクトップパソコン	3348800
26	プリンター	799800
27	⊟ **正岡**	**3555900**
28	ノートPC	3555900
29	⊟ **服部**	**2479700**
30	KINECT	396800
31	Leap Motion	264600
32	ノートPC	1818300
33	**総計**	**30355400**

　この画面で、「（すべて）」の横の「▼」フィルターをクリックする
と、ツリー化した名称が表示されますので、任意の名称を選択す
ると、該当する商品名のピボットテーブルが表示されます（シート
「42」）。

グループ化された名称の「パソコン」を選択して、「パソコン」のピボットテーブルが表示された

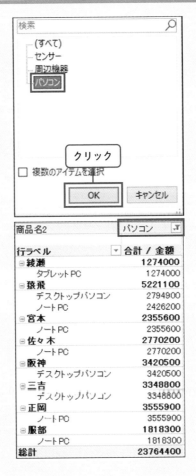

Chapter 04

用意されたピボットテーブルのパターンを利用する

 おすすめピボットテーブルを使う

　ピボットテーブルを作成する場合は、「フィールドリストウインドウ」内の「フィールドセクション」から「レイアウトセクション」に項目をドラッグ＆ドロップして、目的のピボットテーブルを作成するのですが、そうしなくても、「おすすめピボットテーブル」を利用すると、最初から何種類かのパターンが用意されていて、そのパターンを選択するだけで、ピボットテーブルを作成できます。

　例えば、元リストデータ内のセルを選択して、Excelメニューの「挿入」を選択すると、「おすすめピボットテーブル」のメニューが表示されます（❶）。

「おすすめピボットテーブル」のメニューを選択する

ファイル	ホーム	挿入	ページ レイアウト	数式	データ	校閲	表示	ヘルプ	Acrobat

A5		✕	✓	fx	1

	A	B	C	D	E	F	G	H
4	NO	日付	商品名	単価	数量	金額	担当	
5	1	2020/5/1	ノートPC	205600	4	822400	猿飛	
6	2	2020/5/1	デスクトップパソコン	222300	3	666900	猿飛	
7	3	2020/5/1	デジカメ	55600	4	222400	猿飛	
8	4	2020/5/2	KINECT	24800	6	148800	服部	
9	5	2020/5/2	Leap Motion	12600	9	113400	服部	
10	6	2020/5/2	ノートPC	168700	3	506100	服部	
11	7	2020/5/3	デスクトップパソコン	258500	5	1292500	阪神	
12	8	2020/5/3	プリンター	30500	6	183000	阪神	
13	9	2020/5/4	ノートPC	184500	9	1660500	正岡	
14	10	2020/5/5	KINECT	24800	11	272800	宮本	

Excelのメニューの「挿入」から「おすすめピボットテーブル」を選択するよ

　「おすすめピボットテーブル」を選択すると、次のページの画面のように「おすすめピボットテーブル」のダイアログボックスが表示されます。

__「おすすめピボットテーブルのダイアログボックス」が表示された__

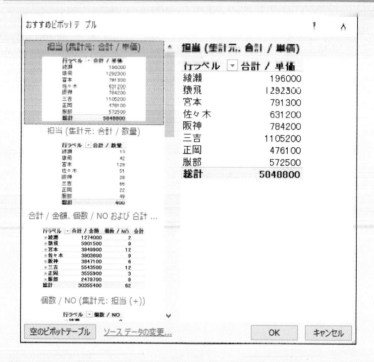

「おすすめピボットテーブル」のパターンは10種類用意されていま
す。

　例えば、このなかから7番目の「合計/数量、個数/NO、および合
計/金額（集計元：商品名）」というパターンを選択してみました。

6番目の「合計/数量、個数/NO、
および合計/金額（集計元：商品名）」というパターンを選択した

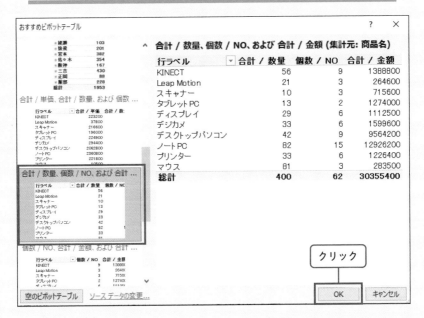

[OK]ボタンをクリックすると、次のページの画面のように新しい
ワークシートにピボットテーブルが表示されます（シート「5」）。

「おすすめピボットテーブル」から選択した パターンのピボットテーブルが表示された

	A	B	C	D
1				
2				
3	行ラベル ▼	合計 / 数量	個数 / NU	合計 / 金額
4	KINECT	56	9	1388800
5	Leap Motion	21	3	264600
6	スキャナー	10	3	713600
7	タブレットPC	13	2	1274000
8	ディスプレイ	29	6	1112500
9	デジカメ	33	8	1599600
10	デスクトップパソコン	42	9	9564200
11	ノートPC	82	15	12926200
12	プリンター	33	6	1226400
13	マウス	81	3	283500
14	総計	400	62	30355400

　このように「おすすめピボットテーブル」を利用すると、自分では
何も設定しないでも、ピボットテーブルが作成できます。大変便利
ではありますが、「フィルター」等を使用したものは作成できません。
初心者のうちは試しに使ってみるのはいいかもしれないでしょう。
しかし、慣れてくると、この「おすすめピボットテーブル」では物足
りなくなると思います。そうすると、ピボットテーブルに対する知
識が上達したということですので、喜ばしいことです。

　Chapter04 はこれで終わりです。いろいろ手順を覚える必要が
あって大変だとは思いますが、なんでも慣れてしまえば簡単なこと
です。特に、ピボットテーブルに関しては、特別な数式を使用する
わけでもなく、単に操作方法を覚えるだけなので、できるだけピ
ボットテーブルを触って、慣れていくのが一番の習得方法だと思い
ます。

124

\Column/

リスト形式のデータ（表）の各部の名称

　売上一覧表のように、ピボットテーブルで集計する元のデータが入力された表を「リスト」と言います。リストは、「フィールド」、「レコード」「フィールド名」で構成されています。

　「フィールド」とは「列」のことです。「レコード」とは、「行」のことを指します。「フィールド名」とは、表の先頭に入力された「列見出し」のことを指します。

リスト（表）の構造

NO	日付	商品名	単価	数量	金額	担当
1	2020/5/1	ノートPC	205600	4	822400	猿飛
2	2020/5/1	デスクトップパソコン	222300	3	666900	猿飛
3	2020/5/1	デジカメ	55600	4	222400	猿飛
4	2020/5/2	KINECT	24800	6	148800	服部
5	2020/5/2	Leap Motion	12600	9	113400	服部
6	2020/5/2	ノートPC	168700	3	506100	服部
7	2020/5/3	デスクトップパソコン	258500	5	1292500	阪神
8	2020/5/3	プリンター	30500	6	183000	阪神
9	2020/5/4	ノートPC	184500	9	1660500	正岡
10	2020/5/5	KINECT	24800	11	272800	宮本
11	2020/5/5	マウス	3500	21	73500	宮本
12	2020/5/5	ノートPC	198200	6	1189200	宮本
13	2020/5/5	スキャナー	85000	3	255000	宮本
14	2020/5/6	デスクトップパソコン	305200	4	1220800	三吉
15	2020/5/6	デジカメ	55600	5	278000	三吉
16	2020/5/6	プリンター	52100	6	312600	三吉
17	2020/5/6	ディスプレイ	25900	3	77700	三吉
18	2020/5/7	ディスプレイ	39800	5	199000	佐々木
19	2020/5/7	ノートPC	145800	7	1020600	佐々木
20	2020/5/7	KINECT	24800	6	148800	佐々木

レコード　　フィールド　　フィールド名

ピボットテーブルで「消費税金額」や「税込合計」を求める計算をする

「フィールドセクション」から「レイアウトセクション」の「行」に「商品名」、「値」に「金額」をドラッグ&ドロップして商品名別の合計金額を表示したピボットテーブルを作成します。

商品名別の合計金額を表示したピボットテーブル

	A	B
1		
2		
3	行ラベル ▼	合計 / 金額
4	KINECT	1388800
5	Leap Motion	264600
6	スキャナー	715600
7	タブレットPC	1274000
8	ディスプレイ	1112500
9	アイカメ	1600600
10	デスクトップパソコン	9564200
11	ノートPC	12926200
12	プリンター	1226400
13	マウス	283500
14	総計	30355400

このピボットテーブルに「消費税金額」と「税込金額」のフィールドを表示
させて、それぞれの金額を求めてみましょう。

 ## 「消費税金額」を求めるフィールドの設定

ピボットテーブル内の「商品名（どれでもよい）」を選択して、Excelメ
ニューの［ピボットテーブル分析/フィールド/アイテム/セット］を選択し
て、表示されるメニューから、「集計フィールド」（❶）を選択します。

「集計フィールド」を選択する

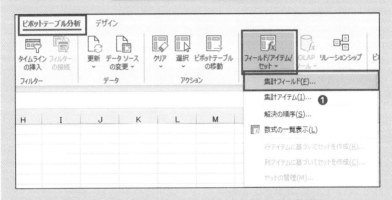

すると「集計フィールドの挿入」ダイアログボックスが開きますので、「名
前」に「消費税金額」（❷）、「フィールド」から「金額」（❺）を選択して、
「フィールドの挿入」（❹）をクリックします。すると、「数式」に「＝金額」と
表示されますので、ここを「＝金額*0.1」（❸）と書き換えます。金額に消費
税を乗算した数式になります。［OK］ボタンをクリックします。

「集計フィールド」で「消費税金額」の内容を設定した

すると、「合計/消費税金額」のフィールドが作成されて消費税金額が表示
されます。

「合計/消費税金額」のフィールドが作成されて
消費税金額が表示された

	A	B	C
1			
2			
3	行ラベル ▼	合計 / 金額	合計 / 消費税金額
4	KINECT	1388800	138880
5	Leap Motion	204000	20400
6	スキャナー	715600	71560
7	タブレットPC	1274000	127400
8	デジブレイ	1117800	111180
9	デジカメ	1599600	159960
10	デスクトップパソコン	9564200	956420
11	ノートPC	12926200	1292620
12	プリンター	1226400	122640
13	マウス	283500	28350
14	**総計**	**30355400**	**3035540**

次に「税込金額」のフィールドを作成して金額を表示します。

 ## 「税込金額」を求めるフィールドの設定

ピボットテーブル内の「商品名（どれでもよい）」を選択して、Excel メニューの［ピボットテーブル分析／フィールド／アイテム／セット］を選択して、表示されるメニューから、「集計フィールド」を選択します。

すると「集計フィールドの挿入」ダイアログボックスが開きますので、「名前」に「税込金額」(❻)、「フィールド」から「金額」(❽)を選択して、「フィールドの挿入」(❿)をクリックします。すると、「数式」に「＝金額」と表示されますので、ここを「＝金額＋」として、「フィールド」から「消費税金額」(❾)を選択して、再度「フィールドの挿入」ボタンをクリックします。すると、「数式」に「＝金額＋消費税金額」(❼)の式が作成されます。［OK］ボタンをクリックします。

「集計フィールド」で「税込金額」の内容を設定した

すると、「合計/税込金額」のフィールドが作成されて税込金額が表示されます（シート「Column4-1」）。

「合計/税込金額」のフィールドが
作成されて税込金額が表示された

	A	B	C	D
1				
2				
3	行ラベル ▼	合計 / 金額	合計 / 消費税金額	合計 / 税込金額
4	KINECT	1388800	138880	1527680
5	Leap Motion	264600	26460	291060
6	スキャナー	715600	71560	787160
7	タブレットPC	1274000	127400	1401400
8	ディスプレイ	1112500	111250	1223750
9	デジカメ	1599600	159960	1759560
10	デスクトップパソコン	9564200	956420	10520620
11	ノートPC	12926200	1292620	14218820
12	プリンター	1226400	122640	1349040
13	マウス	283500	28350	311850
14	総計	30355400	3035540	33390940

Chapter

05

↓

デザインを工夫して視認性 と説得力を高めよう！

Chapter05の参考用Excelデータは
Chapter5_PivotTable用データ.xlsxです。

ピボットテーブルの
レイアウトとデザイン

 アウトライン形式のレイアウト表示

　ここでは、ピボットテーブルのデータを見易くするための方法を
解説します。

　ここで使用するデータは、これまで使用してきたデータと同
じ、2020年5月〜2020年7月までの売上一覧表を使用します
(「Chapter5_Data」シート)。既にテーブルには変換済みです。

2020年5月〜2020年7
月までの売上一覧表を使
用するよ

テーブルに変換したデータ

	A	B	C	D	E	F	G
1							
2			売上一覧表(2020年5月〜2020年7月)				
3							
4	NO	日付	商品名	単価	数量	金額	担当
5	1	2020/5/1	ノートPC	205600	4	822400	猿飛
6	2	2020/5/1	デスクトップパソコン	222300	3	666900	猿飛
7	3	2020/5/1	デジカメ	55600	4	222400	猿飛
8	4	2020/5/2	KINECT	24800	6	148800	服部
9	5	2020/5/2	Leap Motion	12600	9	113400	服部
10	6	2020/5/2	ノートPC	168700	3	506100	服部
11	7	2020/5/3	デスクトップパソコン	258500	5	1292500	阪神
12	8	2020/5/3	プリンター	30500	6	183000	阪神
13	9	2020/5/4	ノートPC	184500	9	1660500	正岡
14	10	2020/5/5	KINECT	24800	11	272800	宮本
15	11	2020/5/5	マウス	3500	21	73500	宮本
16	12	2020/5/5	ノートPC	198200	6	1189200	宮本
17	13	2020/5/5	スキャナー	85000	3	255000	宮本
18	14	2020/5/6	デスクトップパソコン	305200	4	1220800	三吉
19	15	2020/5/6	デジカメ	55600	5	278000	三吉
20	16	2020/5/6	プリンター	52100	6	312600	三吉
21	17	2020/5/6	ディスプレイ	25900	3	77700	三吉
22	18	2020/5/7	ディスプレイ	39800	5	199000	佐々木
23	19	2020/5/7	ノートPC	145800	7	1020600	佐々木
24	20	2020/5/7	KINECT	24800	6	148800	佐々木
25	21	2020/6/1	ノートPC	145800	6	874800	猿飛
26	22	2020/6/1	デスクトップパソコン	212800	4	851200	猿飛
27	23	2020/6/1	デジカメ	45800	3	137400	猿飛
28	24	2020/6/2	KINECT	24800	7	173600	服部
29	25	2020/6/2	Leap Motion	12600	5	63000	服部
	26	2020/6/2	ノートPC	145800	4	583200	服部

では、まず初めにピボットテーブルを作成しておきましょう。

次のページの画面のように「フィールドセクション」から、「レイアウトセクション」の「行」に「担当」と「商品名」、「値」に「金額」、「列」に「日付」をドラッグ＆ドロップします。「列」に「日付」をドラッグ＆ドロップすると「月」も自動的に付いてきます。

レイアウトセクションの内容

次のページの画面のようにピボットテーブルが作成されます。

「行ラベル」や「列ラベル」
の項目名を変更するよ

行ラベル、列ラベルの名称を変更していないピボットテーブル

	A	B	C	D	E
1					
2					
3	合計 / 金額	列ラベル ▼			
4		⊞5月	⊞6月	⊞7月	総計
5	行ラベル ▼				
6	⊟綾瀬		588000	686000	1274000
7	タブレット PC		588000	686000	1274000
8	⊟猿飛	1711700	1863400	2326400	5901500
9	デジカメ	222400	137400	320600	680400
10	デスクトップパソコン	666900	851200	1276800	2794900
11	ノートPC	822400	874800	729000	2426200
12	⊟宮本	1790500	986500	1172900	3949900
13	KINECT	272800	198400	124000	595200
14	スキャナー	255000	263200	197400	715600
15	ノートPC	1189200	437400	729000	2355600
16	マウス	73500	87500	122500	283500
17	⊟佐々木	1368400	1578800	856600	3803800
18	KINECT	148800	173600	74400	396800
19	ディスプレイ	199000	238800	199000	636800
20	ノートPC	1020600	1166400	583200	2770200
21	⊟阪神	1475500	1594000	777600	3847100
22	デスクトップパソコン	1292500	1489600	638400	3420500
23	プリンター	183000	104400	139200	426600
24	⊟三吉	1889100	1965400	1689000	5543500
25	ディスプレイ	77700	159200	238800	475700
26	デジカメ	278000	320600	320600	919200
27	デスクトップパソコン	1220800	1276800	851200	3348800
28	プリンター	312600	208800	278400	799800
29	⊟正岡	1660500	583200	1312200	3555900
30	ノートPC	1660500	583200	1312200	3555900
31	⊟服部	768300	815000	891600	2479700
32	KINECT	148800	173600	74400	396800
33	Leap Motion	113400	63000	88200	264600
34	ノートPC	506100	583200	729000	1818300
35	総計	10664000	9979100	9712300	30355400

　作成されたピボットテーブルから、次のページの画面のように「行ラベル」をクリックして「担当」に名前を変更し、「列ラベル」を「日付」に変更しておきましょう。

作成されたピボットテーブル

		B	C	D	E
1	名前を変更した…				
2					
3	合計 / 金額	日付			
4		⊞5月	⊞6月	⊞7月	総計
5	担当				
6	⊟綾瀬		588000	686000	1274000
7	タブレット PC		588000	686000	1274000
8	⊟猿飛	1711700	1962400	2026400	5501500
9	デジカメ	222400	137400	320600	680400
10	デスクトップパソコン	666900	851200	1276800	2794900
11	ノートPC	822400	874800	729000	2426200
12	⊟宮本	1790500	986500	1172900	3949900
13	KINECT	272800	198400	124000	595200
14	スキャナー	255000	263200	197400	715600
15	ノートPC	1189200	437400	729000	2355600
16	マウス	73500	87500	122500	283500
17	⊟佐々木	1368400	1578800	856600	3803800
18	KINECT	148800	173600	74400	396800
19	ディスプレイ	199000	238800	199000	636800
20	ノートPC	1020600	1166400	583200	2770200
21	⊟阪神	1475500	1594000	777600	3847100
22	デスクトップパソコン	1292500	1489600	638400	3420500
23	プリンター	183000	104400	139200	426600
24	⊟三吉	1889100	1965400	1689000	5543500
25	ディスプレイ	77700	159300	238800	475700
26	デジカメ	278000	320600	320600	919200
27	デスクトップパソコン	1220800	1276800	851200	3348800
28	プリンター	312600	208800	278400	799800
29	⊟正岡	1660500	583200	1312200	3555900
30	ノートPC	1660500	583200	1312200	3555900
31	⊟服部	768300	819800	891600	2479700
32	KINECT	148800	173600	74400	396800
33	Leap Motion	113400	63000	88200	264600
34	ノートPC	506100	583200	729000	1818300
35	総計	10664000	9979100	9712300	30355400

　では、作成されたピボットテーブルを使って、レイアウトの変更を行ってみましょう。レイアウトには「コンパクト形式」、「アウトライン形式」、「表形式」の3つのレイアウトがあります。この中の「コンパクト形式」と言うのは、上の画面（「作成されたピボットテーブル」）で表示されているような形式を指します。要は、ピボットテーブルのデフォルトは「コンパクト形式」と言うことです。

　では、「アウトライン形式」と「表形式」では、どのようなレイアウトになるか確認してみましょう。

アウトライン形式

　まず、作成されたピボットテーブル内の「担当」を選択します。次に、Excelの［デザイン／レポートのレイアウト／アウトライン形式で表示］（❶）と選択します。

「アウトライン形式で表示」を選択した

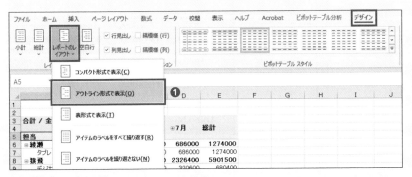

　すると、次のページの画面のように「担当」と「商品名」フィールドが別の列に表示されました（シート「1-2」）。

「アウトライン形式」で表示した

	A	B	C	D	E	F
1						
2						
3	合計 / 金額			月 ▾	日付 ▾	
4				⊞5月	⊞6月	⊞7月	総計
5	担当 ▾	商品名 ▾				
6	⊟綾瀬			588000	686000	1274000
7		タブレット PC		588000	686000	1274000
8	⊟猿飛		1711700	1863400	2326400	5901500
9		デジカメ	222400	137400	320600	680400
10		デスクトップパソコン	666900	851200	1276800	2704000
11		ノート PC	822400	874800	729000	2426200
12	⊟宮本		1790500	986500	1172800	3949800
13		KINECT	272800	198400	124000	595200
14		スキャナー	255000	263200	197400	715600
15		ノート PC	1189200	437400	729000	2355600
16		マウス	73500	87500	122500	283500
17	⊟佐々木		1368400	1578800	856800	3804000
18		KINECT	148800	173600	74400	396800
19		ディスプレイ	199000	238800	199000	636800
20		ノート PC	1020600	1166400	583200	2770200
21	⊟阪神		1475500	1594000	777600	3847100
22		デスクトップパソコン	1292500	1489600	638400	3420500
23		プリンター	183000	104400	139200	426600
24	⊟三吉		1889100	1965400	1689000	5543500
25		ディスプレイ	77700	159200	238800	475700
26		デジカメ	278000	320600	320600	919200
27		デスクトップパソコン	1220800	1276800	851200	3348800
28		プリンター	312600	208800	270400	799800
29	⊟正岡		1660500	583200	1312200	3555900
30		ノート PC	1660500	583200	1312200	3555900
31	⊟阿部		768300	819800	891600	2479700
32		KINECT	148800	173600	74400	396800
33		Leap Motion	113400	63000	88200	264600
34		ノート PC	506100	583200	729000	1818300
35	総計		10664000	9979100	9712300	30355400

では、次に「表形式」で表示してみましょう。

表形式

　ピボットテーブル内の「担当」を選択します。Excelの［デザイン/レポートのレイアウト/表形式で表示］と選択します。すると、「担当」と「商品名」が別の列に表示され、担当者別の「集計」が下の行に表示されます（シート「1-3」）。

表形式で表示した

	A	B	C	D	E	F
1						
2						
3	合計 / 金額		月 ▼	日付 ▼		
4			⊞5月	⊞6月	⊞7月	総計
5	担当 ▼	商品名 ▼				
6	⊟綾瀬	タブレットPC		588000	686000	1274000
7	綾瀬 集計			588000	686000	1274000
8	⊟猿飛	デジカメ	222400	137400	320600	680400
9		デスクトップパソコン	666900	851200	1276800	2794900
10		ノートPC	822400	874800	729000	2426200
11	猿飛 集計		1711700	1863400	2326400	5901500
12	⊟宮本	KINECT	272800	198400	124000	595200
13		スキャナー	255000	263200	197400	715600
14		ノートPC	1189200	437400	729000	2355600
15		マウス	73500	87500	122500	283500
16	宮本 集計		1790500	986500	1172900	3949900
17	⊟佐々木	KINECT	148800	173600	74400	396800
18		ディスプレイ	199000	238800	199000	636800
19		ノートPC	1020600	1166400	583200	2770200
20	佐々木 集計		1368400	1578800	856600	3803800
21	⊟阪神	デスクトップパソコン	1292500	1400600	620100	3420600
22		プリンター	183000	104400	139200	426600
23	阪神 集計		1475500	1594000	777600	3847100
24	⊟三吉	ディスプレイ	77700	159200	238800	475700
25		デジカメ	278000	320600	320600	919200
26		デスクトップパソコン	1220800	1276800	851200	3348800
27		プリンター	312600	208800	278400	799800
28	三吉 集計		1889100	1965400	1689000	5543500
29	⊟正岡	ノートPC	1660500	583200	1312200	3555900
30	正岡 集計		1660500	583200	1312200	3555900
31	⊟服部	KINECT	148800	173600	74400	396800
32		Leap Motion	113400	63000	88200	264600
33		ノートPC	506100	583200	729000	1818300
34	服部 集計		768300	819800	891600	2479700
35	総計		10664000	9979100	9712300	30355400

ピボットテーブル
のデザインを変更しよう

 ピボットテーブルのデザインを変更する

ここでは、表形式で表示したピボットテーブルを使用します。

　ピボットテーブルのデザインを変更するのは簡単です。ピボットテーブル内の任意セルを選択しておいて、Excelメニューの「デザイン」と選択し、「ピボットテーブルスタイル」の「その他」(❶) をクリックします。

　すると、スタイルの一覧が表示されます。この中から自分の気に行ったデザインを選択するといいでしょう。

「ピボットテーブルスタイル」の「その他」をクリック

スタイルの一覧が表示された

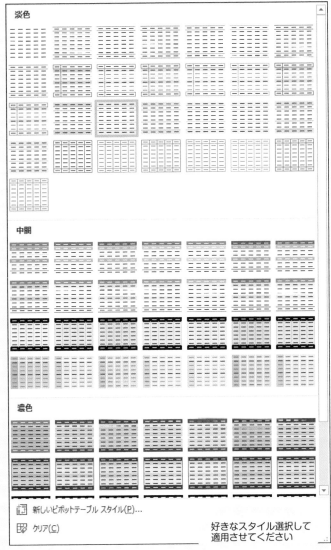

好きなスタイル選択して
適用させてください

	A	B	C	D	E	F
1						
2						
3	合計 / 金額		月　　▼	日付　　▼		
4			⊞5月	⊞6月	⊞7月	総計
5	担当　　▼	商品名　　▼				
6	⊟綾瀬	タブレットPC		588000	686000	1274000
7	綾瀬 集計			588000	686000	1274000
8	⊟猿飛	デジカメ	222400	137400	320600	680400
9		デスクトップパソコン	666900	851200	1276900	2701000
10		ノートPC	822400	874800	729000	2426200
11	猿飛 集計		1711700	1863400	2326400	5901500
12	⊟宮本	KINECT	272800	198400	124000	595200
13		スキャナー	255000	263200	197400	715600
14		ノートPC	1189200	437400	729000	2355600
15		マウス	70500	87500	122500	283500
16	宮本 集計		1790500	986500	1172900	3949900
17	⊟佐々木	KINECT	148800	173600	74400	396800
18		ディスプレイ	199000	238800	199000	636800
19		ノートPC	1020600	1166400	583200	2770200
20	佐々木 集計		1368400	1578800	856600	3803800
21	⊟阪神	デスクトップパソコン	1292500	1489600	638400	3420500
22		プリンター	183000	104400	139200	426600
23	阪神 集計		1475500	1594000	777600	3847100
24	⊟三吉	ディスプレイ	77700	159200	238800	475700
25		デジカメ	278000	320600	320600	919200
26		デスクトップパソコン	1220800	1276800	851200	3348800
27		プリンター	312600	208800	278400	799800
28	三吉 集計		1889100	1965400	1689000	5543500
29	⊟正岡	ノートPC	1660500	583200	1312200	3555900
30	正岡 集計		1660500	583200	1312200	3555900
31	⊟服部	KINECT	148800	173600	74400	396800
32		Leap Motion	113400	63000	88200	264600
33		ノートPC	506100	583200	729000	1818300
34	服部 集計		768300	819800	891600	2479700
35	総計		10664000	9979100	9712300	30355400

「ピボットテーブル」の
デザインが変更された。

選択したスタイルでピボットテーブルが
表示された-2（シート「2-2」）

	A	B	C	D	E	F
1						
2						
3	合計 / 金額		月 ▼	日付 ▼		
4			⊞5月	⊞6月	⊞7月	総計
5	担当 ▼	商品名 ▼				
6	⊟綾瀬	タブレットPC		588000	686000	1274000
7	綾瀬 集計			588000	686000	1274000
8	⊟猿飛	デジカメ	222400	137400	320600	680400
9		デスクトップパソコン	666900	851200	1276800	2794900
10		ノートPC	822400	874800	729000	2426200
11	猿飛 集計		1711700	1863400	2326400	5901500
12	⊟宮本	KINECT	272800	198400	124000	595200
13		スキャナー	255000	263200	197400	715600
14		ノートPC	1189200	437400	729000	2355600
15		マウス	73500	87500	122500	283500
16	宮本 集計		1790500	986500	1172900	3949900
17	⊟佐々木	KINECT	148800	173600	74400	396800
18		ディスプレイ	199000	238800	199000	636800
19		ノートPC	1020600	1166400	583200	2770200
20	佐々木 集計		1368400	1578800	856600	3803800
21	⊟阪神	デスクトップパソコン	1292500	1489600	638400	3420500
22		プリンター	183000	104400	139200	426600
23	阪神 集計		1475500	1594000	777600	3847100
24	⊟三吉	ディスプレイ	77700	159200	238800	475700
25		デジカメ	278000	320600	320600	919200
26		デスクトップパソコン	1220800	1276800	851200	3348800
27		プリンター	312600	208800	278400	799800
28	三吉 集計		1889100	1965400	1689000	5543500
29	⊟正岡	ノートPC	1660500	583200	1312200	3555900
30	正岡 集計		1660500	583200	1312200	3555900
31	⊟服部	KINECT	148800	173600	74400	396800
32		Leap Motion	113400	63000	88200	264600
33		ノートPC	506100	583200	729000	1818300
34	服部 集計		768300	819800	891600	2479700
35	総計		10664000	9979100	9712300	30355400

行に縞模様を入れよう

 ## 行に縞模様を入れる

表形式で表示したピボットテーブルを使用します。

「ピボットテーブルスタイル」からスタイルを選択し、適用させます。

背景に色がついていないスタイルを選択した場合には、「縞模様」が適用されないものがありますので、注意してください。背景に色の付いたスタイルを選択してください。

Excelメニューの「デザイン」と選択して、表示されている「縞模様（行）」にチェックを入れます（❶）。

「ピボットテーブル」の
背景に「縞模様」を入れ
てみよう

背景に色が付いているスタイルを適用した

	A	B	C	D	E	F
1						
2						
3	合計 / 金額		月　▼	日付　▼		
4			⊞5月	⊞6月	⊞7月	総計
5	担当　▼	商品名　▼				
6	⊟綾瀬	タブレット PC		588000	686000	1274000
7	綾瀬 集計			588000	686000	1274000
8	⊟猿飛	デジカメ	222400	137400	320600	680400
9		デスクトップパソコン	666900	851200	1276800	2794900
10		ノートPC	822400	874800	729000	2426200
11	猿飛 集計		1711700	1863400	2326400	5901500
12	⊟宮本	KINECT	272800	198400	124000	595200
13		スキャナー	255000	263200	197400	715600
14		ノートPC	1189200	437400	729000	2355600
15		マウス	73500	87500	122500	283500
16	宮本 集計		1790500	986500	1172900	3949900
17	⊟佐々木	KINECT	148800	173600	74400	396800
18		ディスプレイ	199000	238800	199000	636800
19		ノートPC	1020600	1166400	583200	2770200
20	佐々木 集計		1368400	1578800	856600	3803800
21	⊟阪神	デスクトップパソコン	1292500	1489600	638400	3420500
22		プリンター	183000	104400	139200	426600
23	阪神 集計		1475500	1594000	777600	3847100
24	⊟三吉	ディスプレイ	77700	159200	238800	475700
25		デジカメ	278000	320600	320600	919200
26		デスクトップパソコン	1220800	1276800	851200	3348800
27		プリンター	312600	208800	278400	799800
28	三吉 集計		1889100	1965400	1689000	5543500
29	⊟正岡	ノートPC	1660500	583200	1312200	3555900
30	正岡 集計		1660500	583200	1312200	3555900
31	⊟服部	KINECT	148800	173600	74400	396800
32		Leap Motion	110400	60000	88200	264600
33		ノートPC	506100	583200	729000	1818300
34	服部 集計		768300	819800	891600	2479700
35	総計		10664000	9979100	9712300	30355400

「縞模様（行）」にチェックを入れる

結果、次のページの画面のようにピボットテーブルの背景に縞模様が入りました（シート「3-1」）。

▲	A	D	C	D	E	F
1						
2						
3	合計 / 金額		月 [▼]	日付 [▼]		
4			⊞5月	⊞6月	⊞7月	総計
5	相当 [▼]	商品名 [▼]				
6	⊟綾瀬	タブレットPC		588000	686000	1274000
7	綾瀬 集計			588000	606000	1274000
8	⊟猿飛	デジカメ	222400	137400	320600	680400
9		デスクトップパソコン	666900	851200	1276800	2794900
10		ノートPC	822400	874800	729000	2426200
11	猿飛 集計		1711700	1863400	2326400	5901500
12	⊟宮本	KINECT	272800	198400	124000	595200
13		スキャナー	255000	263200	197400	715600
14		ノートPC	1189200	437400	729000	2355600
15		マウス	73500	87500	122500	283500
16	宮本 集計		1790500	986500	1172900	3949900
17	⊟佐々木	KINECT	148800	170000	74400	396800
18		ディスプレイ	199000	238800	199000	636800
19		ノートPC	1020600	1166400	583200	2770200
20	佐々木 集計		1368400	1578800	856600	3803800
21	⊟阪神	デスクトップパソコン	1292500	1489600	638400	3420500
22		プリンター	183000	104400	139200	426600
23	阪神 集計		1475500	1594000	777600	3847100
24	⊟三吉	ディスプレイ	77700	159200	238800	475700
25		デジカメ	278000	320600	320600	919200
26		デスクトップパソコン	1220800	1276800	851200	3348800
27		プリンター	312600	208800	278400	799800
28	三吉 集計		1889100	1965400	1609000	5543500
29	⊟正岡	ノートPC	1660500	600200	1312200	3599400
30	正岡 集計		1660500	583200	1312200	3555900
31	⊟服部	KINECT	148800	173600	74400	396800
32		Loop Motion	113400	63000	88200	264600
33		ノートPC	506100	583200	729000	1818300
34	服部 集計		768300	819800	891600	2479700
35	総計		10664000	9979100	9712300	30355400

背景に縞模様が入った

背景に縞模様が入っていない（シート「3-2」）

	A	B	C	D	E	F
1						
2						
3	合計 / 金額		月　　▼	日付　　▼		
4			⊞5月	⊞6月	⊞7月	総計
5	担当　　▼	商品名　　▼				
6	⊟綾瀬	タブレット PC		588000	686000	1274000
7	綾瀬 集計			588000	686000	1274000
8	⊟猿飛	デジカメ	222400	137400	320600	680400
9		デスクトップパソコン	666900	851200	1276800	2794900
10		ノート PC	822400	874800	729000	2426200
11	猿飛 集計		1711700	1863400	2326400	5901500
12	⊟宮本	KINECT	272800	198400	124000	595200
13		スキャナー	255000	263200	197400	715600
14		ノート PC	1189200	437400	729000	2355600
15		マウス	73500	87500	122500	283500
16	宮本 集計		1700500	986500	1172900	3949900
17	⊟佐々木	KINECT	148800	173600	74400	396800
18		ディスプレイ	199000	238800	199000	636800
19		ノート PC	1020600	1166400	583200	2770200
20	佐々木 集計		1368400	1578800	856600	3803800
21	⊟阪神	デスクトップパソコン	1292500	1489600	638400	3420500
22		プリンター	183000	104400	139200	426600
23	阪神 集計		1475500	1594000	777600	3847100
24	⊟三吉	ディスプレイ	77700	159200	238800	475700
25		デジカメ	278000	320600	320600	919200
26		デスクトップパソコン	1220800	1276800	851200	3348800
27		プリンター	312600	208800	278400	799800
28	三吉 集計		1889100	1965400	1689000	5543500
29	⊟正岡	ノート PC	1660500	583200	1312200	3555900
30	正岡 集計		1660500	583200	1312200	3555900
31	⊟服部	KINECT	148800	173600	74400	396800
32		Leap Motion	113400	63000	88200	264600
33		ノート PC	506100	583200	729000	1818300
34	服部 集計		768300	819800	891600	2479700
35	総計		10664000	9979100	9712300	30355400

背景に色が付いていないスタイ
ルを選択した場合は、縞模様が
適用されない場合があるよ

04

金額を三桁区切り表示にしよう

 金額の三桁区切り表示

前節と同じ表形式のピボットテーブルを使用します。

ピボットテーブルの、「金額」フィールドの任意のセルを選択しておきます。Excelメニューの［ピボットテーブル分析／フィールドの設定］と選択します。すると「値フィールドの設定」ダイアログボックスが表示されます。この中にある「表示形式」をクリックします。

「フィールドの設定」で「表示形式」をクリックする

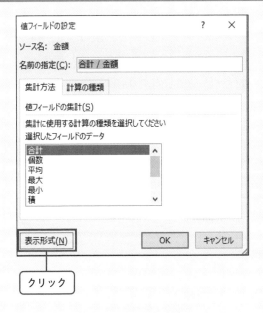

クリック

「フィールドの設定」で
「表示形式」を選択する
よ

すると、「セルの書式設定」の画面が表示されます。「分類」から
「数値」（❶）を選択し、「桁区切り（,）を使用する」（❷）にチェックを
入れ、[OK] ボタンをクリックします。続けて、「値フィールドの設
定」ダイアログボックスの [OK] をクリックします。

　すると、次のページの画面のようにピボットテーブルの金額が「三
桁区切り」で表示されます。

**「セルの書式設定」から「数値」を選択し、
「桁区切り（,）を使用する」にチェックを入れる**

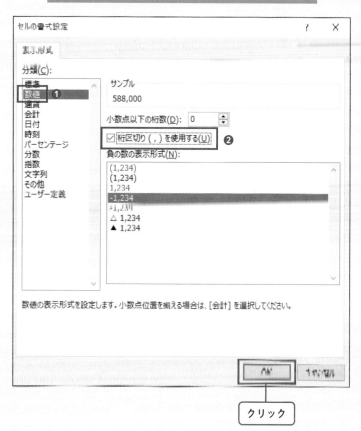

金額が「三桁区切り」で表示された（シート「4」）

	A	B	C	D	E	F
1						
2						
3	合計 / 金額		月 ▼	日付 ▼		
4			⊞5月	⊞6月	⊞7月	総計
5	担当 ▼	商品名 ▼				
6	⊟綾瀬	タブレット PC		588,000	686,000	1,274,000
7	綾瀬 集計			588,000	686,000	1,274,000
8	⊟猿飛	デジカメ	222,400	137,400	320,600	680,400
9		デスクトップパソコン	666,900	851,200	1,276,800	2,794,900
10		ノートPC	822,400	874,800	729,000	2,426,200
11	猿飛 集計		1,711,700	1,863,400	2,326,400	5,901,500
12	⊟宮本	KINECT	272,800	198,400	124,000	595,200
13		スキャナー	255,300	263,200	197,400	715,600
14		ノートPC	1,189,200	437,400	729,000	2,355,600
15		マウス	73,500	87,500	122,500	283,500
16	宮本 集計		1,790,500	986,500	1,172,900	3,949,900
17	⊟佐々木	KINECT	148,800	173,600	74,400	396,800
18		ディスプレイ	199,000	238,800	199,000	636,800
19		ノートPC	1,020,600	1,166,400	583,200	2,770,200
20	佐々木 集計		1,368,400	1,578,800	856,600	3,803,800
21	⊟阪神	デスクトップパソコン	1,292,500	1,489,600	638,400	3,420,500
22		プリンター	183,000	104,400	139,200	426,600
23	阪神 集計		1,475,500	1,594,000	777,600	3,847,100
24	⊟三吉	ディスプレイ	77,700	159,200	238,800	475,700
25		デジカメ	278,000	320,600	320,600	919,200
26		デスクトップパソコン	1,220,800	1,276,800	851,200	3,348,800
27		プリンター	312,600	208,800	278,000	799,800
28	三吉 集計		1,889,100	1,965,400	1,689,000	5,543,500
29	⊟正岡	ノートPC	1,660,500	583,200	1,312,200	3,555,900
30	正岡 集計		1,660,500	583,200	1,312,200	3,555,900
31	⊟服部	KINECT	148,800	173,600	74,400	396,800
32		Leap Motion	113,400	63,000	88,200	264,600
33		ノートPC	506,100	583,200	729,000	1,818,300
34	服部 集計		768,300	819,800	891,600	2,479,700
35	総計		10,664,000	9,979,100	9,712,300	30,355,400

金額が三桁区切りで
表示された

指定した値以上のデータに色を付けよう

指定した値以上のデータに色を付けるには

前節と同じ表形式ピボットテーブルを使用します。

まず、ピボットテーブルのセル「D6」(金額が表示されているなら、どのセルでもいい)にマウスポインターを置いておきます。Excel メニューの [ホーム/条件付き書式/セルの強調表示ルール/指定の値より大きい](❶)と選択します。

> [ホーム] → [条件付き書式
> /セルの強調表示ルール] →
> [指定の値より大きい]と選
> 択するんだね

「条件付き書式」を選択していく

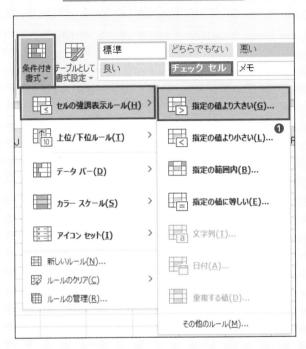

　すると、「指定の値より大きい」ダイアログボックスが表示されますので、「次の値より大きいセルを書式設定」の欄に、「750000」（❷）と入力してみます。

「指定の値より大きい」ダイアログボックスが表示される

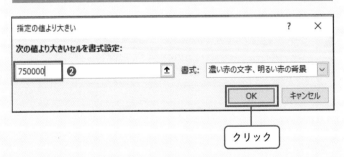

[OK] ボタンをクリックします。

次に、最初にマウスカーソルを置いていた、セル「D6」を選択します。すると、金額の右端に「書式オプション」（❸）のアイコンが表示されますので、これをクリックします。

「書式オプション」のアイコンが表示された

▲	A	B	C	D	E	F
1						
2						
3	合計 / 金額		月	日付		
4			⊕5月	⊕6月	⊕7月	総計
5	担当	商品名				
6	⊟綾瀬	タブレット PC		588,000	686,000	1,274,000
7	綾瀬 集計			588,000	686,000	1,274,000
8	⊟猿飛	デジカメ	222,400	137,400		600,100
9		デスクトップパソコン	666,800	851,200	1,276,000	2,794,800
10		ノート PC	822,400	874,800	729,000	2,426,200
11	猿飛 集計		1,711,700	1,863,400	2,326,400	5,901,500

クリック

すると書式オプションの中に、「"商品名"と"月"の"合計/金額"値が表示されているすべてのセル」（❹）と表示されていますので、これを選択します。

「"商品名"と"月"の"合計/金額"値が
表示されているすべてのセル」を選択する

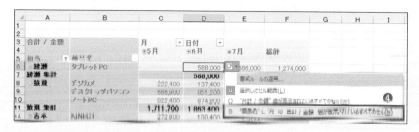

すると、「750000」以上の金額の文字色とセルの背景色が変化します（シート「5」）。

750000以上の金額の、文字色とセルの背景色が変化した

	A	B	C	D	E	F
1						
2						
3	合計 / 金額		月　　▼	日付　　▼		
4			⊞5月	⊞6月	⊞7月	総計
5	担当　　▼	商品名　　▼				
6	⊟綾瀬	タブレットPC		588,000	686,000	1,274,000
7	綾瀬 集計			588,000	686,000	1,274,000
8	⊟猿飛	デジカメ	222,400	137,400	320,600	680,400
9		デスクトップパソコン	666,900	851,200	1,276,800	2,794,900
10		ノートPC	822,400	874,800	729,000	2,426,200
11	猿飛 集計		1,711,700	1,863,400	2,326,400	5,901,500
12	⊟宮本	KINECT	272,800	198,400	124,000	595,200
13		スキャナー	255,000	263,200	197,400	715,600
14		ノートPC	1,189,200	437,400	729,000	2,355,600
15		マウス	73,500	87,500	122,500	283,500
16	宮本 集計		1,790,500	986,500	1,172,900	3,949,900
17	⊟佐々木	KINECT	148,800	173,600	74,400	396,800
18		ディスプレイ	199,000	238,800	199,000	636,800
19		ノートPC	1,020,600	1,166,400	583,200	2,770,200
20	佐々木 集計		1,368,400	1,578,800	856,600	3,803,800
21	⊟阪神	デスクトップパソコン	1,292,500	1,489,600	638,400	3,420,500
22		プリンター	183,000	104,400	139,200	426,600
23	阪神 集計		1,475,500	1,594,000	777,600	3,847,100
24	⊟三吉	ディスプレイ	77,700	159,200	238,800	475,700
25		デジカメ	278,000	320,600	320,600	919,200
26		デスクトップパソコン	1,220,800	1,276,800	851,200	3,348,800
27		プリンター	312,600	208,800	278,400	799,800
28	三吉 集計		1,889,100	1,965,400	1,689,000	5,543,500
29	⊟正岡	ノートPC	1,660,500	583,200	1,312,200	3,555,900
30	正岡 集計		1,660,500	583,200	1,312,200	3,555,900
31	⊟服部	KINECT	148,800	173,600	74,400	396,800
32		Leap Motion	113,400	63,000	88,200	264,600
33		ノートPC	506,100	583,200	729,000	1,818,300
34	服部 集計		768,300	819,800	891,600	2,479,700
35	総計		10,664,000	9,979,100	9,712,300	30,355,400

総計値の大きさによって、色付きバーを表示しよう

 総計値の大きさによって、色付きバーを表示する

売上一覧表（2020年5月～2020年7月）のデータ（シート「Chapter5_Data」）を元に、ピボットテーブルを作成します。

フィールドセクション内から「行」に「商品名」、「値」に「金額」、「列」に「日付」を、レイアウトセクション内にドラッグ＆ドロップします。すると、商品名ごとで月別の金額の合計が表示されたピボットテーブルが作成されます。

月別に「商品名」と「金額」の表示されたピボットテーブル

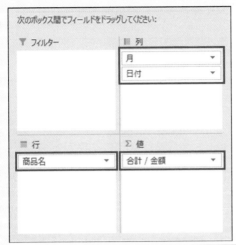

	A	B	C	D	E
1					
2					
3	合計 / 金額	列ラベル			
4		⊞5月	⊞6月	⊞7月	総計
5	行ラベル				
6	KINECT	570400	545600	272800	1388800
7	Leap Motion	113400	63000	88200	264600
8	スキャナー	255000	263200	197400	715600
9	タブレットPC		588000	686000	1274000
10	ディスプレイ	276700	398000	437800	1112500
11	デジカメ	500400	450000	641200	1599600
12	デスクトップパソコン	3180200	3617600	2766400	9564200
13	ノートPC	5198800	3645000	4082400	12926200
14	プリンター	495600	313200	417600	1226400
15	マウス	73500	87500	122500	283500
16	総計	10664000	9979100	9712300	30355400

商品名ごとに月別で集計
されたピボットテーブル
が作成された

色付きバーを表示させたい範囲を選択します。

色付きバーを表示させたい範囲を選択した

▲	A	B	C	D	E
1					
2					
3	合計 / 金額	列ラベル ▼			
4		⊞5月	⊞6月	⊞7月	総計
5	行ラベル				
6	KINECT	570400	545600	272800	1388800
7	Leap Motion	113400	63000	88200	264600
8	スキャナー	255000	263200	197400	715600
9	タブレットPC		588000	686000	1274000
10	ディスプレイ	276700	398000	437800	1112500
11	デジカメ	500100	450000	641200	1600500
12	デスクトップパソコン	3180200	3617600	2766400	9564200
13	ノートPC	5198800	3645000	4082400	12926200
14	プリンタ	495000	319200	417600	1226400
15	マウス	73500	87500	122500	283500
16	総計	10664000	9979100	9712300	30355400

「総計」のフィールドに「色付き
バー」を表示させる

Excelメニューの［ホーム/条件付き書式/データバー/塗りつぶし
(グラデーション)］を選択し、「赤のデータバー」●」を選択します。

[ホーム]→[条件付き書式/
セルの強調表示ルール]→[指
定の値より大きい]と選択する
んだね

「条件付き書式」を選択していき、「赤のデータバー」を選択した

「赤のデータバー」を選択

すると、選択した範囲に、「総計」の金額に応じたデータバーが表示されます（シート「6」）。

データバーが表示された

	A	B	C	D	E
1					
2					
3	合計 / 金額	列ラベル ▼			
4		⊞5月	⊞6月	⊞7月	総計
5	行ラベル ▼				
6	KINECT	570400	545600	272800	1388800
7	Leap Motion	113400	63000	88200	264600
8	スキャナー	255000	263200	197400	715600
9	タブレットPC		588000	686000	1274000
10	ディスプレイ	276700	398000	437800	1112500
11	テンキー	500400	458000	641200	1599600
12	デスクトップパソコン	3180200	2617600	2700400	9504200
13	ノートPC	5198800	3645000	4082400	12926200
14	プリンター	495600	313200	417600	1226400
15	マウス	73500	87500	122500	283500
16	総計	10664000	9979100	9712300	30355400

Chapter05はこれで終わりです。ここではレイアウトやデザインに関することをメインに紹介しました。味気のないピボットテーブルばかりを貼り付けて資料を作成するより、ある程度見栄えがいいように、レイアウトしたり、デザインで色を変えたり、金額の割合が一目瞭然でわかるように、データバーを表示させたりと、いろいろ工夫をしてピボットテーブルを作成するほうが、資料としては訴求力も出ていいのではないかと思います。

今回の方法を参考に、是非見栄えのいいピボットテーブルを作成していただければ嬉しいです。

\Column/

総計の金額をアイコンでランク分けをする

総計の金額を、アイコンを使用して3段階にランク分けします。

まず、「担当者」の月別の総計を表示します。

「担当者」の月別の総計を求めたピボットテーブル

	A	B	C	D	E
1					
2					
3	合計 / 金額	列ラベル			
4	行ラベル	5月	6月	7月	総計
5	綾瀬		588000	686000	1274000
6	猿飛	1711700	1863400	2326400	5901500
7	宮本	1790500	986500	1172900	3949900
8	佐々木	1368400	1578800	856600	3803800
9	阪神	1475500	1594000	777600	3847100
10	三吉	1889100	1965400	1689000	5543500
11	正岡	1660500	583200	1312200	3555900
12	服部	768300	819800	891600	2479700
13	総計	10664000	9979100	9712300	30355400

アイコンセットの追加

作成したピボットテーブルから「総計」のF5からE12を選択しておきます。

「総計」のE5からE12を選択する

	A	B	C	D	E
1					
2					
3	合計 / 金額	列ラベル			
4	行ラベル	5月	6月	7月	総計
5	綾瀬		588000	686000	1274000
6	猿飛	1711700	1863400	2326400	5901500
7	宮本	1790500	986500	1172900	3949900
8	松々木	1468400	1578900	671100	5000000
9	阪神	1475500	1594000	777600	3847100
10	三吉	1889100	1965400	1689000	5543500
11	正岡	1660500	583200	1312200	3555900
12	服部	768300	819800	891600	2479700
13	**総計**	**10664000**	**9979100**	**9712300**	**30355400**

選択する

Excelメニューの［ホーム／条件付き書式／アイコンセット／インジケータ］（●）と選択し、［ ］も選択します。

162

［ホーム／条件付き書式／アイコンセット／インジケータ］と選択

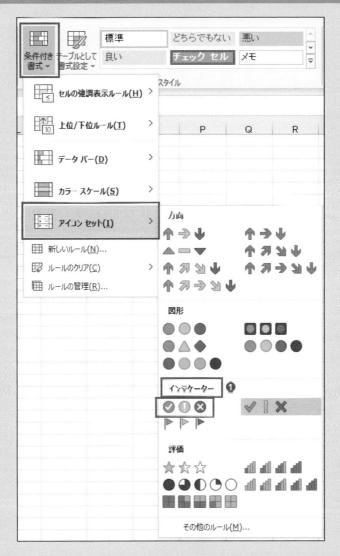

すると、アイコンが総計フィールドの左端に表示されます。

インジケータから選択したアイコンが
「総計」フィールドに表示された

	A	B	C	D	E
1					
2					
3	合計 / 金額	列ラベル ▾			
4	行ラベル ▾	5月	6月	7月	総計
5	綾瀬		500000	686000 ❌	1274000
6	猿飛	1711700	1863400	2326400 ⚠	5901500
7	宮本	1790500	986500	1172900 ⚠	3949900
8	佐々木	1368400	1578800	856600 ⚠	3803800
9	阪神	1475500	1594000	777600 ⚠	3847100
10	三吉	1009100	1905400	1689000 ⚠	6643600
11	止尚	1660500	583200	1312200 ⚠	3555900
12	服部	768300	819800	891600 ❌	2479700
13	総計	10664000	9979100	9712300	30355400

アイコンの「しきい値」を設定する

　では、5百万以上なら「⚠」、3百万以上5百万未満なら「✔」、それ以外なら「❌」のアイコンを設定してみましょう。

　「総計」のE5からE12を選択した状態から、［ホーム/条件付き書式/ルールの管理］（❓）と選択します。

164

［ホーム / 条件付き書式 / ルールの管理］と選択

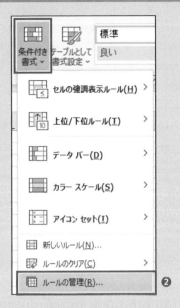

　「条件付き書式ルールの管理」のダイアログボックスが開きます。「アイコン セット」（❸）を選択して、「ルールの編集」（❹）をクリックします。

「条件付き書式ルールの管理」のダイアログボックスが開く

「書式ルールの編集」ダイアログボックスが開きます。

「ルールの種類を選択してください」では「セルの値に基づいてすべてのセルを書式設定」が選択されているのを確認してください。

「ルールの内容を編集してください」で「しきい値」の内容を編集できます。「種類」の2カ所とも「数値」(**5**)を選択してください。

アイコンを変更します。一番最初のアイコンは▼アイコンをクリックしてアイコンの一覧を表示させて、「🛈」(**6**)のアイコンにします。次は、隠れて見えませんが「⊘」、「次は「⊗」のアイコンとしておきます。「🛈」の値に「5000000（5百万）」(**7**)と入力し、「⊘」の値に「3000000（3百万）」(**8**)と入力して［OK］ボタンをクリックします。

「書式ルールの変更」ダイアログボックス

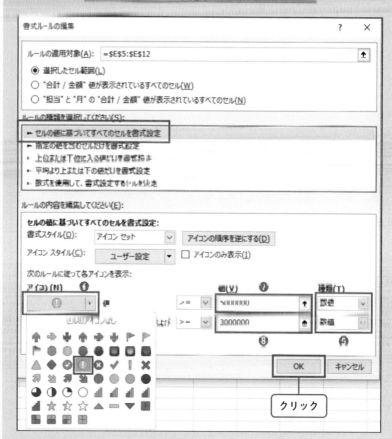

しきい値が変更され、次の画面のピボットテーブルのような結果に変わります。

指定した「しきい値」のアイコンが表示された（シート「Column5-1」）

	A	B	C	D	E
1					
2					
3	合計 / 金額	列ラベル			
4	行ラベル	5月	6月	7月	総計
5	綾瀬		588000	686000 ⊗	1274000
6	猿飛	1711700	1863400	2326400 ⊘	5901500
7	宮本	1790500	986500	1172900 ⊘	3949900
8	佐々木	1368400	1578800	856600 ⊘	3803800
9	阪神	1475500	1504000	777600 ⊘	3847100
10	三吉	1889100	1965400	1689000 ⊘	5543500
11	正岡	1660500	583200	1312200 ⊘	3555900
12	服部	768300	819800	891600 ⊗	2479700
13	総計	10664000	9979100	9712300	30355400

集計元になった明細を別シートで確認するには

ピボットテーブルの集計結果は、リストデータのレコードを元に計算されています。合計金額の明細を調べたい場合は、ピボットテーブルの合計金額をダブルクリックするだけで、その明細が別シートに表示されます。

作成されたピボットテーブル

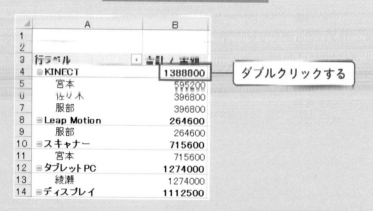

ダブルクリックする

KINECTの明細データが別シートに表示された

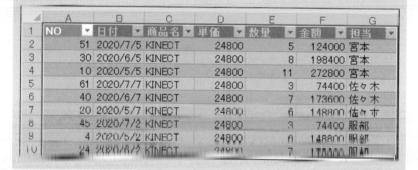

Chapter

06

↓

ピボットテーブルを
ビジュアル化する
「ピボットグラフ」を作ろう！

Chapter06の参考用Excelデータは
Chapter6_PivotTable用データ.xlsxです。

Chapter 06

ピボットグラフを作ろう

↓

 ピボットグラフを作成する前段階

　ここでは、ピボットグラフについて解説します。数値だけのピボットテーブルを眺めているだけではわからないことも、グラフ化することで見えてくるものもあります。大いに「ピボットグラフ」を活用してください。

　ここでは、前節と同じ、2020年5月〜2020年7月までの売上一覧表を使用します（シート「Chapter6_Data」）。「テーブル」には既に変換済みです。

「ピボットグラフ」で
データを見える化し
よう

使用するデータ

NO	日付	商品名	単価	数量	金額	担当
売上一覧表(2020年5月～2020年7月)						
1	2020/5/1	ノートPC	205600	4	822400	猿飛
2	2020/5/1	デスクトップパソコン	222300	3	666900	猿飛
3	2020/5/1	デジカメ	55600	4	222400	猿飛
4	2020/5/2	KINECT	24800	6	148800	服部
5	2020/5/2	Leap Motion	12600	9	113400	服部
6	2020/5/2	ノートPC	168700	3	506100	服部
7	2020/5/3	デスクトップパソコン	258500	5	1292500	阪神
8	2020/5/3	プリンター	30500	6	183000	阪神
9	2020/5/4	ノートPC	184500	9	1660500	正岡
10	2020/5/5	KINECT	24800	11	272800	宮本
11	2020/5/5	マウス	3500	21	73500	宮本
12	2020/5/5	ノートPC	198200	6	1189200	宮本
13	2020/5/5	スキャナー	85000	3	255000	宮本
14	2020/5/6	デスクトップパソコン	305200	4	1220800	三吉
15	2020/5/6	デジカメ	55600	5	278000	三吉
16	2020/5/6	プリンター	52100	6	312600	三吉
17	2020/5/6	ディスプレイ	25900	3	77700	三吉
18	2020/5/7	ディスプレイ	39800	5	199000	佐々木
19	2020/5/7	ノートPC	145800	7	1020600	佐々木
20	2020/5/7	KINECT	24800	6	148800	佐々木
21	2020/6/1	ノートPC	145800	6	874800	猿飛

では、まず初めにピボットテーブルを作成しておきましょう。
次のページの画面のように「レイアウトセクション」の「行」に「商品名」と「値」に「金額」をドラッグ＆ドロップしておきます。

レイアウトセクションと作成されたピボットテーブル

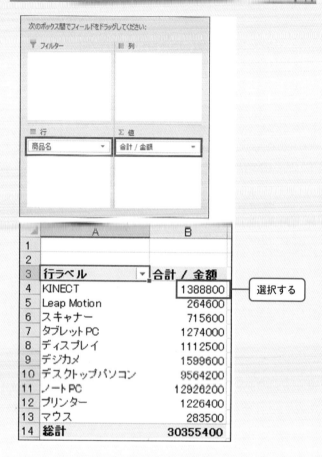

金額のセル「B4」を選択した状態で、Excelメニューの［ピボット
テーブル分析／フィールドの設定／表示形式］から「数値」を選択し、
「桁区切り（,）を使用する」を選択して、「二桁区切り」表示にしてい
きましょう。

次に、同じく「B4」セルにマウスカーソルを置いて、Excelメ
ニューの［ホーム／並べ替えとフィルター］から「降順」(❶)で「金額」

の並べ替えを行っておきます。

金額の並び替えを「降順」で行う

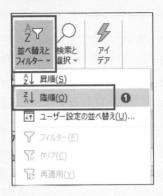

金額を三桁区切りで表示し、
「降順」に並び替えを行ったピボットテーブル

	A	B
1		
2		
3	行ラベル	合計 / 金額
4	ノートPC	12,926,200
5	デスクトップパソコン	9,564,200
6	デジカメ	1,599,600
7	KINECT	1,388,800
8	タブレットPC	1,274,000
9	プリンター	1,226,400
10	ディスプレイ	1,112,500
11	スキャナー	715,600
12	マウス	283,500
13	Leap Motion	264,600
14	総計	30,355,400

　では、このピボットテーブルを元に「ピボットグラフ」を作成して
みましょう。

ピボットグラフを作成する

　ピボットテーブル内のセル「B4」にマウスカーソルを置き、Excel

メニューの［ピボットテーブル分析/ピボットグラフ］と選択します。

ピボットグラフを選択する

　すると、「ピボットグラフの挿入」ダイアログボックスが表示されます。

「ピボットグラフの挿入」のダイアログボックスが表示された

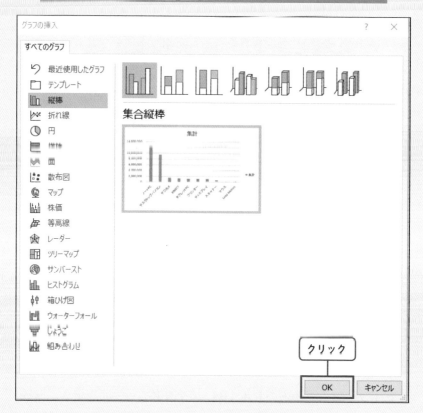

　「テンプレート」から「縦棒」を選択し、「集合縦棒」を選択して[OK]ボタンをクリックします。

　すると、「集合縦棒」の「ピボットグラフ」が作成されます（シート「1-2」）。

「集合縦棒」の「ピボットグラフ」が作成された

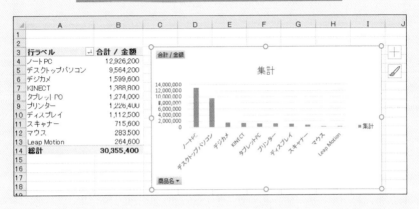

「集合縦棒」のピボット
グラフを作成したよ

ピボットグラフを表示しよう

 ### 任意の商品名の「ピボットグラフ」を表示する

ピボットグラフの左隅上にある「商品名▼」ボタンをクリックすると、商品名一覧の画面が表示されます。

「(すべて選択)」をクリックして、一度全ての商品名についているチェックを外してください。その後「タブレットPC」と「デスクトップパソコン」、「ノートPC」の3つにだけチェックを入れます。

「集合縦棒」の「ピボットグラフ」が作成された

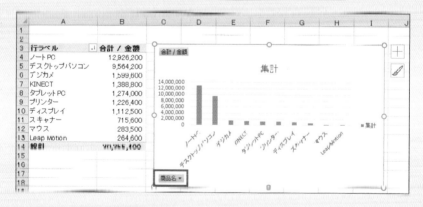

「タブレットPC」と「デスクトップパソコン」、「ノートPC」の3つにだけチェックを入れる

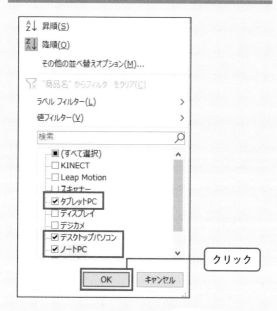

クリック

選択した商品だけの
ピボッドグラフが作
成される

[OK]ボタンをクリックすると、チェックを入れた商品の「ピボットグラフ」が作成されます。

「ピボットグラフ」の「集計」というタイトルを「商品別売上グラフ」という名前に変更してみましょう。「集計」の文字の上でダブルクリックすると編集状態になりますので、直接「商品別売上グラフ」と入力するだけでいいです（シート「2-1」）。

選択した商品の「ピボットグラフ」が作成された

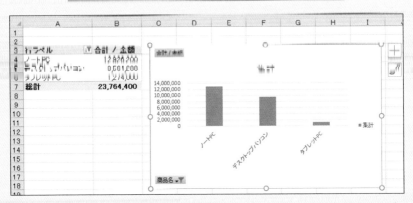

タイトルを「商品別売上グラフ」に変更した

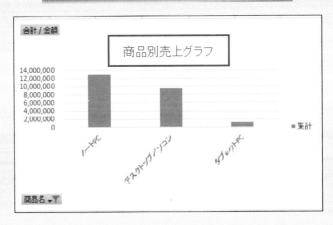

　同様に、パソコンの周辺機器を選択してピボットグラフを作成したのが次の画面になります（シート「2-2」）。

周辺機器のピボットグラフ

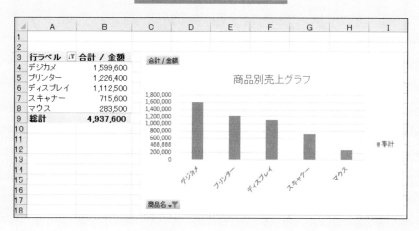

「周辺機器」のデータを
ピボットグラフ化したよ

データラベルを表示しよう

↓

 ## ピボットグラフにデータラベルを表示する

　作成した「ピボットグラフ」を選択すると、グラフの右隅上に「+」
のアイコンが表示されます。これをクリックすると、「グラフ要素」
が表示されます。

　「グラフ要素」から、「データラベル」(❶) の横に表示される「▶」
をクリックすると、データラベルをどういった形で表示するかのメ
ニューが表示されます。ここでは、「データの吹き出し」(❷) を選択
してみました。棒グラフに、データが「吹き出し」で表示されます
(❸)。

「+」アイコンをクリックして「グラフ要素」を表示し、
データラベルから「データの吹き出し」を選択

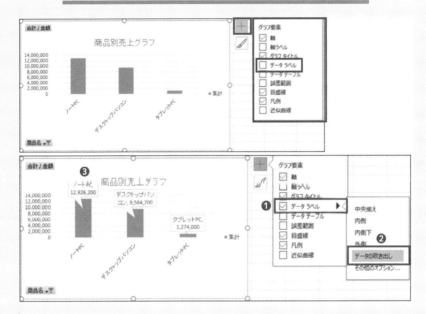

ピボットグラフに
データラベルを表
示した

ちなみに、「+」アイコンの下の「筆」アイコンを選択すると、棒グラフのいろいろなスタイルを選択することができます。適当なスタイルを選択してみました（シート「3-1」）。勿論「色」の選択も可能です。いろいろ選択して試してください。

「筆」アイコンで棒グラフのスタイルを選択

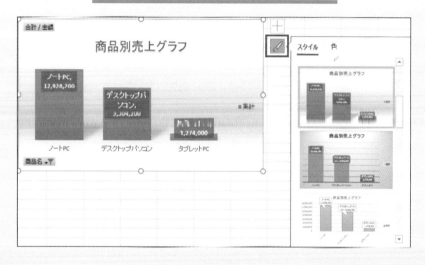

「筆」アイコンで「スタイル」や「色」も選べるんだね

182

　同様に、「スタイル」を変更し「色」を変更してみた（シート「3-2」）。

「スタイルと色」を変更してみた

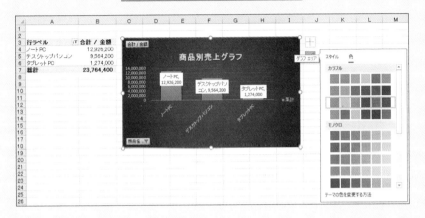

ピボットグラフのスタイル
と色を変更してみた

ピボットグラフの種類を変えよう

 ピボットグラフの種類の変更

ここでは、「レイアウトセクション」で月別の売上のピボットテーブルを作成します。データの並び替えは、Excelメニューの「並び替えとフィルター」から「降順」で並び替えを行っています。

では、このピボットテーブルを元に「3D-円」のピボットグラフを作成してみましょう。

次のページのピボットテーブル内のセル（どこでもいい）にマウスポインターを置いた状態で、Excelメニューの［ピボットテーブル分析/ピボットグラフ］と選択します。

テンプレートの中に、いろいろなグラフの種類が表示されますので、この中から各種グラフを選択するといいでしょう。

今回はテンプレートが「円」の「3D-円」を選択してみました。

「レイアウトセクション」に項目をドラッグ＆ドロップして
作成されたピボットテーブル

次のボックス間でフィールドをドラッグしてください:

▼ フィルター	⊞ 列
	月　▼
	日付　▼

⊞ 行	Σ 値
商品名　▼	合計 / 金額　▼

	A	B	C	D	E
1					
2					
3	合計 / 金額	列ラベル ▼			
4		⊞5月	⊞6月	⊞7月	総計
5	行ラベル ↵				
6	ノートPC	5108800	3645000	4082400	12926200
7	デスクトップパソコン	3180200	3617600	2766400	9564200
8	KINECT	570400	545600	272800	1388800
9	デジカメ	500400	458000	641200	1599000
10	プリンター	495600	313200	417600	1226400
11	ディスプレイ	276700	398000	437800	1112500
12	スキャナー	255000	263200	197400	715600
13	Leap Motion	113400	63000	88200	264600
14	マウス	73500	87500	122500	283500
15	タブレットPC		588000	686000	1274000
16	総計	10664000	9979100	9712300	30355400

「3D-円」のピボットグラフを選択して表示される、右隅上の「+」アイコンから「データラベル」(❶)にチェックを入れてデータも表示してみました（シート「4-1」）。

5月の「3D-円」グラフが表示されていますが、表示する「月」を変更したい場合は、左隅下の［月］のボタン（❷）を選択して、表示させる月を選択します。

「3D-円」グラフを選択した

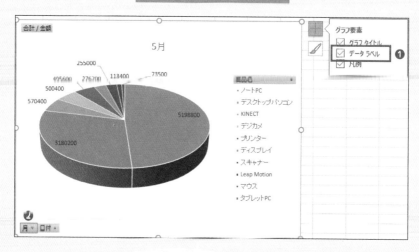

ピボットグラフには非常に多くのグラフのパターンが用意されているので、いろいろ触ってどんな表示になるか試すといいよ

「3D-円」の色を変更してみた（シート「4-2」）。

3D-円の色を変更した

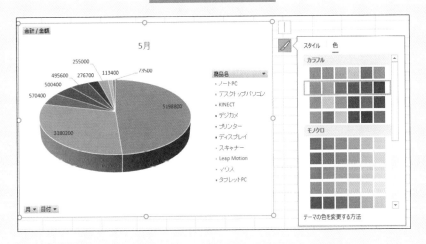

「3D-円」グラフの色を
変更してみた

「凡例」の位置を変えよう

 「凡例」の位置を変更する

「3D-円」グラフの「凡例」の位置を変更してみましょう。

「3D-円」を選択すると、ピボットグラフの右隅上に「+」アイコンが表示されますので、これをクリックします。すると、「グラフ要素」の中に「凡例」が表示され（❶）、「▶」アイコンが表示されます。

グラフ要素の中に「凡例」が表示される

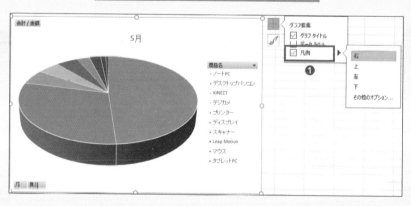

　これをクリックすると「凡例」を表示させる位置が表示されますので、今回は「左」(❷) を選択してみました（シート「5」）。

　すると「凡例」が「3D-円」の左側に表示されます。

「凡例」を表示させる位置に「左」を選択した

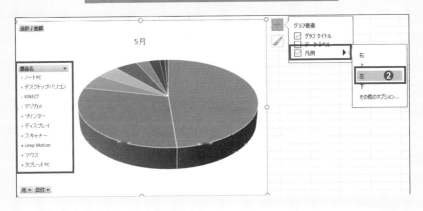

凡例を非表示にするには、「凡例」の先頭にあるチェックを外す

Chapter 06

いろいろなピボットグラフ を見てみよう

ピボットグラフのいろいろ

いろいろなピボットグラフを紹介します（シート「61」）。

折れ線グラフ

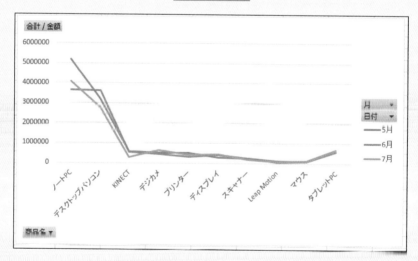

いろいろなグラフが
作成できるんだね

面グラフ

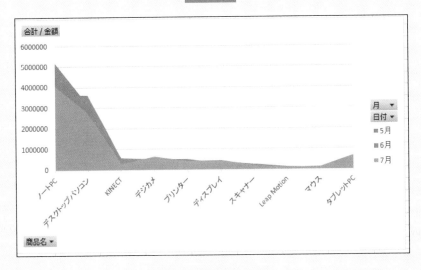

積み上げ縦棒グラフ

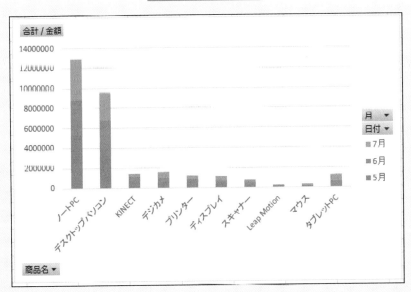

レーダーグラフ

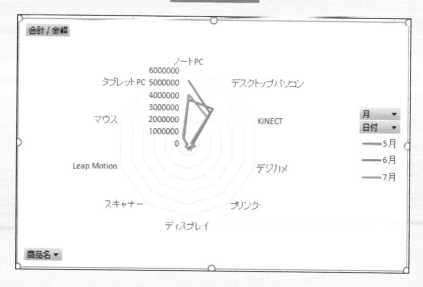

「ピボットグラフ」の
いろいろな種類を作
成してみた

組み合わせグラフ

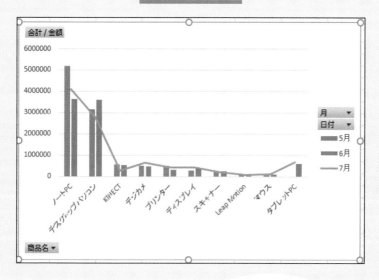

5種類のグラフを紹介し
ました。まだほかにもい
ろいろな種類があります
ので試してみよう

Chapter 06

ピボットグラフの項目を入れ替えよう

 ピボットグラフの項目を入れ替える

　ピボットグラフに表示するデータ系列を入れ替えるだけで、異なった角度から集計したデータをグラフ化できます。

　では、「フィールドセクション」から、「レイアウトセクション」の「行」に「商品名」、「値」に「金額」、「列」に「日付」にドラッグ＆ドロップしたピボットテーブルを作成します。

> データ系列を入れ替えて、
> 異なった角度からピボット
> テーブルを作ってみよう

ピボットテーブルの「レイアウトセクション」とピボットテーブル

　このピボットテーブルを基に、棒グラフのピボットグラフを作成しましょう。

商品名の合計によるピボットテーブルのピボットグラフ

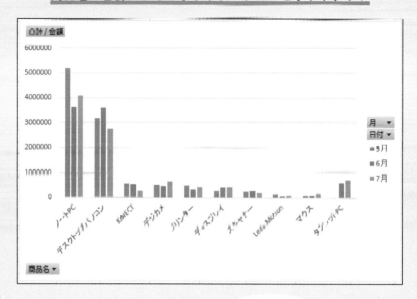

このピボットグラフを、担当別の月別による売上集計のグラフに変更するよ

　では、ピボットグラフに表示するデータ系列を入れ替えてみましょう。

　ピボットテーブルの任意のセルを選択して、次のページの画面の「レイアウトセクション」の「行」の「商品名」の「▼」アイコンをクリックして、「フィールドの削除」を行います（❶）。

「フィールドの削除」を選択

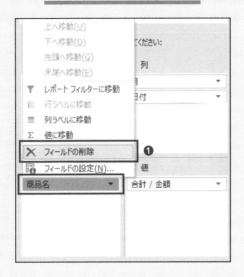

　削除した後、「フィールドセクション」から、代わりに「行」の「レイアウトセクション」に「担当」をドラッグ＆ドロップします。すると、あっ！　と言う間に、次のページの画面のように、ピボットグラフの内容が変化します（シート「7」）。このように、データ系列を入れ替えるだけで、範囲を再指定することなく、簡単にデータの集計ができます。なんと便利で重宝する機能ではないでしょうか。

　いろいろ、データ系列の項目を変えて確認してみてください。

担当別の月別による売上集計グラフが作成された

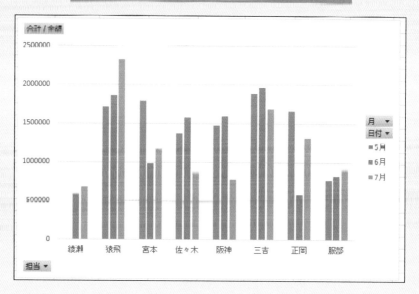

　Chapter06は、これで終わりです。無味乾燥なピボットテーブル
も、ピボットグラフと並べて表示すると、データの相関関係が視覚
的にわかります。会議の資料などでは、グラフを使った資料と、そ
うでない資料とでは、俄然わかり易さに差がでてきます。今回の、
ピボットグラフの作成は、一部のグラフの紹介にとどまっています
が、ここで説明した操作方法で、いろいろなグラフや、データの見
せ方を変更できます。いろいろ触って、会議の資料などで、上司か
ら賞賛の言葉をいただけるようなものを作れば、日常の業務にも、
ますますやる気が出るのではないでしょうか。

\Column/

データから直接ピボットグラフを作成する

ピボットテーブルからグラフを作成するのではなくて、元のデータから直接ピボットグラフを作成してみましょう。

今回使用するデータは「売上一覧表（2020年5月～2020年7月）」のデータです（シート「Chapter06_Data」）。

「売上一覧表（2020年5月～ 2020年7月）」のデータ

売上一覧表(2020年5月～2020年7月)

NO	日付	商品名	単価	数量	金額	担当
1	2020/5/1	ノートPC	205600	4	822400	猿飛
2	2020/5/1	デスクトップパソコン	222300	3	666900	猿飛
3	2020/5/1	デジカメ	55600	4	222400	猿飛
4	2020/5/2	KINECT	24800	6	148800	服部
5	2020/5/2	Leap Motion	12600	9	113400	服部
6	2020/5/2	ノートPC	168700	3	506100	服部
7	2020/5/3	デスクトップパソコン	258500	5	1292500	阪神
8	2020/5/3	プリンター	30500	6	183000	阪神
9	2020/5/4	ノートPC	184500	9	1660500	正岡
10	2020/5/5	KINECT	24800	11	272800	宮本
11	2020/5/5	マウス	3500	21	73500	宮本
12	2020/5/5	ノートPC	198200	6	1189200	宮本
13	2020/5/5	スキャナー	85000	3	255000	宮本
14	2020/5/6	デスクトップパソコン	305200	4	1220800	三吉
15	2020/5/6	デジカメ	55600	5	278000	三吉
16	2020/5/6	プリンター	53100	6	312600	三吉

データのA5のセル（データ内ならどのセルでもいい）を選択した状態から、Excelメニューの［挿入/ピボットグラフ/ピボットグラフ］（❶）と選択します。

［挿入/ピボットグラフ/ピボットグラフ］と選択する

「ピボットグラフ作成」のダイアログボックスが開き、データの範囲が選択されています。「テーブル/範囲」には「テーブル1」と表示されています。元データのセル（この場合A5）を選択しておくと、自動的に元データの範囲を選択してくれます。元データのセル内を選択していない場合は、「テーブル/範囲」でデータの範囲を再選択する必要がありますので注意してください。[OK]ボタンをクリックします。

「ピボットグラフの作成」でデータの範囲が選択されている

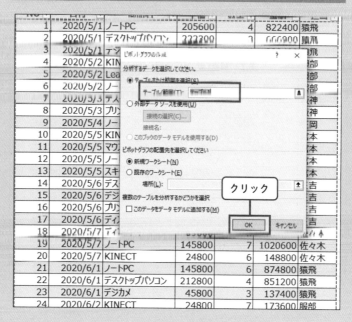

すると、空のピボットグラフと空のピボットテーブルが同時に作成されます。ピボットグラフを選択しても連動するピボットテーブルも作成されるということになります。

空のピボットグラフと空のピボットテーブルが作成された

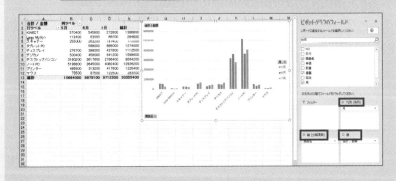

ピボットグラフの領域を選択している

ピボットグラフのフィールドから、「レイアウトセクション」の「軸（分類項目）」に「商品名」、「値」に「金額」、「凡例（系列）」に「月」をドラッグ＆ドロップします。すると、ピボットテーブルとピボットグラフが作成されます。

いつもなら、「行」と「列」と表示される「レイアウトセクション」の名前が変化しているのは、「ピボットグラフ」を選択した状態でいるからです。「ピボットテーブル」を選択すると、元の「行」と「列」という表示に置わります。

ピボットテーブルとピボットグラフが作成された

ピボットグラフを選択して、右隅上に表示される「+」アイコンをクリック
して、「データテーブル」（❷）にチェックを入れると、グラフのレイアウトの
中に票形式の詳細データが表示されます。

グラフのレイアウトの中に票形式の詳細データが表示された

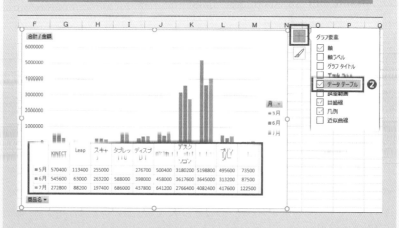

ピボットグラフを選択して右隅上に表示される「筆」アイコンをクリックし
て、スタイルを変更してみました。

背景が黒のスタイルを選択した

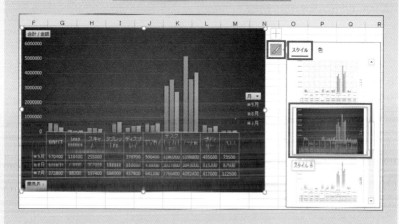

次に「色」を選択してみましょう。するといろいろな色のパターンが表示されます。

色のパターンが表示された

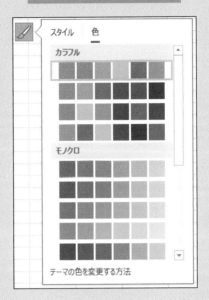

「カラフル」から色を選択してみました。ピボットグラフ内の棒グラフの色が選択した色に変わりました（シート「Column6-1」）。

選択した色にピボットグラフが変化した

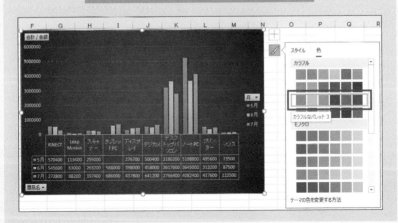

Chapter

07

スライサーでデータを
フィルタリング、
タイムラインで時間軸を
指定して集計してみよう！

Chapter07の参考用Excelデータは
Chapter7_PivotTable用データ.xlsxです。

スライサーとタイムライン

 スライサー用のピボットテーブルを作る

　スライサーとはピボットテーブルのデータを素早くフィルタリングできる機能です。スライサーは、項目ボタンをクリックするだけでフィルタリングされていくため、素早く簡単にデータを抽出できます。

　実際に、スライサーを使ったサンプルや、タイムラインを使ったサンプルを紹介しながら解説していきましょう。

　ここで使用するデータは、前章と同じ、2020年5月～2020年7月までの売上一覧表を使用します（シート「Chapter7_Data」）。「テーブル」への変換は完了しています。

使用するリストデータ

	A	B	C	D	E	F	G
1							
2		売上一覧表(2020年5月〜2020年7月)					
3							
4	NO	日付	商品名	単価	数量	金額	担当
5	1	2020/5/1	ノートPC	205600	4	822400	猿飛
6	2	2020/5/1	デスクトップパソコン	222300	3	666900	猿飛
7	3	2020/5/1	デジカメ	55600	4	222400	猿飛
8	4	2020/5/2	KINECT	24800	6	148800	服部
9	5	2020/5/2	Leap Motion	12600	9	113400	服部
10	6	2020/5/2	ノートPC	168700	3	506100	服部
11	7	2020/5/3	デスクトップパソコン	258500	5	1292500	阪神
12	8	2020/5/3	プリンター	30500	6	183000	阪神
13	9	2020/5/4	ノートPC	184500	9	1660500	正岡
14	10	2020/5/5	KINECT	24800	11	272800	宮本
15	11	2020/5/5	マウス	3500	21	73500	宮本
16	12	2020/5/5	ノートPC	198200	6	1189200	宮本
17	13	2020/5/5	スキャナー	85000	3	255000	宮本
18	14	2020/5/6	デスクトップパソコン	305200	4	1220800	三吉
19	15	2020/5/6	デジカメ	55600	5	278000	三吉
20	16	2020/5/6	プリンター	52100	6	312600	三吉
21	17	2020/5/6	ディスプレイ	25900	3	77700	三吉

2020年5月 〜 2020年
7月までの売上一覧表の
データを使用するよ

では、まず初めにピボットテーブルを作成しておきましょう。

「レイアウトセクション」の「行」に「フィールドセクション」から、「商品名」を、「値」に「金額」をドラッグ＆ドロップしてピボットテーブルを作成します。

作成したピボットテーブル

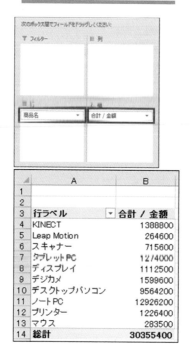

ピボットテーブルの金額のセル「B4」を選択した状態で、Excelメニューの［ピボットテーブル分析／フィールドの設定／表示形式］（❶）から「数値」（❷）を選択し、「桁区切り（,）を使用する」（❸）を選択して、三桁区切り表示にしておきましょう（シート「11」）。

表示形式から「桁区切り (,) を使用する」を選択

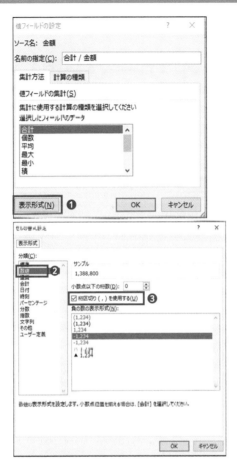

金額を三桁区切りで表示したピボットテーブル

	A	B
1		
2		
3	**行ラベル** ▼	**合計 / 金額**
4	KINECT	1,388,800
5	Leap Motion	264,600
6	スキャナー	715,600
7	タブレット PC	1,274,000
8	ディスプレイ	1,112,500
9	デジカメ	1,599,600
10	デスクトップパソコン	9,564,200
11	ノート PC	12,926,200
12	プリンター	1,226,400
13	マウス	283,500
14	**総計**	**30,355,400**

Chapter 07

スライサーの使い方

 スライサーで担当の切り替えを行う

前節で作成した三桁区切りのピボットテーブル内のセル「A4」(ピボットテーブル内ならどこでもいい)にマウスポインターを置き、Excelメニューの［挿入／スライサー］(❶)と選択します。

金額を三桁区切りで表示したピボットテーブル（シート「2-1」）

	A	B
1		
2		
3	行ラベル	合計 / 金額
4	KINECT	1,300,000
5	Leap Motion	264,600
6	スキャナー	715,600
7	タブレット PC	1,274,000
8	ディスプレイ	1,112,500
9	デジカメ	1,599,600
10	デスクトップパソコン	9,564,200
11	ノート PC	12,926,200
12	プリンター	1,226,400
13	マウス	283,500
14	総計	30,266,100

「スライサー」を選択する

　「スライサーの挿入」ダイアログボックスが表示されますので、「担当」(❷)にチェックを入れ、[OK]ボタンをクリックします。

「担当」にチェックを入れ[OK]ボタンをクリック

　すると、「担当」のスライサーが表示されます（シート「2-2」）。

「担当」のスライサーが表示された

	A	B	C	D	E
1					
2					
3	行ラベル	合計 / 金額	担当		
4	KINECT	1,388,800	綾瀬		
5	Leap Motion	264,600	猿飛		
6	スキャナー	715,600	宮本		
7	タブレットPC	1,274,000	佐々木		
8	ディスプレイ	1,112,500	阪神		
9	デジカメ	1,599,600	三吉		
10	デスクトップパソコン	9,564,200	正岡		
11	ノートPC	12,926,200	服部		
12	プリンター	1,226,400			
13	マウス	283,500			
14	総計	30,355,400			
15					
16					

「担当」のスライサーから「佐々木」を選択すると、「佐々木」が売った商品のピボットテーブルが表示されます（シート「2-3」）。

「佐々木」の売った商品のピボットテーブルが表示された

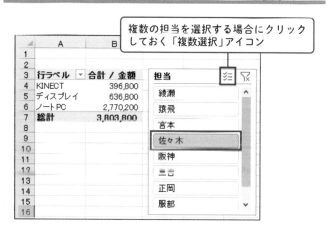

複数の担当を選択する場合にクリックしておく「複数選択」アイコン

複数の「担当」を選択して、ピボットテーブルを表示するには、「複数選択」アイコンをクリックした後、各「担当」を選択すると、複数の担当者が選択され、ピボットテーブルが表示されます（シート「2-4」）。

「猿飛」、「宮本」、「三吉」の商品の合計ピボットテーブルを表示してみた

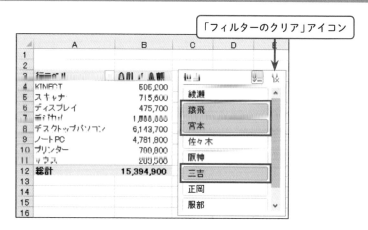

「フィルターのクリア」アイコン

　集計を解除するには、「フィルターのクリア」をクリックします
（シート「2-5」）。フィルターのクリアでは、全ての「担当」が選択さ
れた集計結果が表示されるため、必要な「担当」の集計だけを表示さ
せたい場合は、目的とする「担当」をクリックすると、その「担当」
だけが選択状態になります。

「フィルターのクリア」をクリックして
<u>抽出を解除し全てのデータが表示された</u>

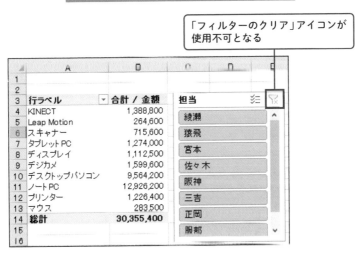

　「フィルターのクリア」を行うと、「フィルターのクリア」アイコン
は使用不可となります。

Chapter 07

スライサーの挿入

 特定の担当者から、月別の売上金額を表示する

前節の手順で「スライサーの挿入」を表示させ、「日付」と「担当」にチェックを入れて［OK］ボタンをクリックします。

すると、次のページの画面のように「担当」と「日付」のスライサーが表示されます（シート「3」）。

**「スライサーの挿入」から「日付」と「担当」に
チェックを付け［OK］ボタンをクリック**

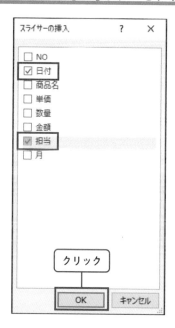

「担当」と「日付」のスライサーが表示された

　「担当」のスライサーから、まず「三吉」(❶)を選択します。すると「三吉」の販売したピボットテーブルが表示されます。販売した「日付」(❷)も表示されます(シート「4-1」)。

「三吉」が販売したピボットテーブル

　次に、「日付」から「6月6日」を選択すると、「三吉」が「6月6日」に販売したピボットテーブルが表示されます(シート「5」)。

「三吉」が「6月6日」に販売したピボットテーブル

	A	B
3	行ラベル	合計 / 金額
4	ディスプレイ	159,200
5	デジカメ	320,600
6	デスクトップパソコン	1,276,800
7	プリンター	208,800
8	総計	1,965,400

商品販売の担当者

- 三吉
- 服部
- 正岡
- 阪神
- 佐々木
- 青木
- 猿飛
- 綾瀬

日付

- 5月6日
- 6月6日
- 7月6日
- <2020/5/1
- >2020/7/11
- 10月10日
- 10月11日
- 10月12日

\Column/

スライサーの削除

　スライサーを削除するには、スライサーを選択して、この場合は「"担当"
の削除」をクリックします。すると「担当」のスライサーが削除されます。

「"担当"の削除」を選択する

スライサーで
並び替えを行う

 ## スライサーの名前やボタンの並び順を変更する

　スライサーを追加すると、フィールドの名前がスライサーのタイトルとして表示されます。このタイトルの文字を変更してみましょう。また、フィールドの含まれるボタンの並びも変更できるので、変更してみましょう。

　「担当」のスライサーを選択し、Excelメニューの［スライサー / スライサーの表示設定］（❶）と選択します。

「スライサーの表示設定」を選択する

　すると「スライサーの設定」ダイアログボックスが表示されます。
　「ヘッダー」の「ヘッダーの表示」の「タイトル」に「商品販売の担当者」（❷）と入力します。
　「アイテムの並び替えとフィルター処理」の「降順（Z-A）」（❸）にチェックを付けます。

<u>「スライサーの設定」を行った</u>

スライサーの設定	? ✕

ソース名: 担当
数式で使用する名前: スライサー_担当11
名前(<u>N</u>): 担当 2
ヘッダー
　☑ ヘッダーの表示(D)
　タイトル(<u>C</u>): 商品販売の担当者　　❷
アイテムの並べ替えとフィルター処理
　◯ 昇順 (A-Z)(<u>A</u>)　　　　☐ データのないアイテムを非表示にする(<u>H</u>)
　◉ 降順 (Z-A)(<u>G</u>)　❸　　☑ データのないアイテムを視覚的に示す(<u>V</u>)
　☑ 並べ替え時にユーザー設定リストを使用する(<u>M</u>)　　☑ データがないアイテムを最後に表示する(<u>I</u>)
　　　　　　　　　　　☑ データ ソースから削除されたアイテムを表示する(<u>O</u>)

OK　　キャンセル

クリック

スライサーの設定をするよ

［OK］ボタンをクリックすると「担当」が「商品販売の担当者」に変わって表示されます。前節の「担当」のスライサーとの違いは一目瞭然だと思います。「ノイテムの並び替えとフィルター処理」で「降順（Z-A）」を指定したので、「担当」のボタンの並びも変更されているのがわかると思います（シート「4-2」）。

「スライサーの設定」を行った「担当」スライサー

	A	B	C	D	E	F	G	H
1								
2								
3	行ラベル	合計 / 金額						
4	ディスプレイ	475,700						
5	デジカメ	019,200						
6	デスクトップパソコン	3,348,800						
7	プリンター	788,800						
8	総計	5,543,500						
9								

商品販売の担当者
- 服部
- 正岡
- 三吉
- 阪神
- 佐々木
- 宮本
- 猿飛
- 綾瀬

日付
- 5月6日
- 6月6日
- 7月6日
- <2020/5/1
- >2020/7/11
- 10月10日
- 10月11日
- 10月12日

「担当」のタイトルも変更され、ボタンの並びも降順になっている

残りの「日付」スライサーに関しては、読者の皆さんが設定してみてください。ヘッダーのタイトルは「販売月」と指定するといいでしょう。

Column

データテーブルにスライサーを挿入する

売上一覧表（2020年5月～2020年7月）のどのセルでもいいので選択しておき、Excelメニューの［挿入/スライサー］と選択します。スライサーの挿入ダイアログボックスが表示されます。

スライサーのダイアログボックス

スライサーの挿入から「商品名」にチェックを入れ［OK］ボタンをクリックします。すると商品名のスライサーが作成されます。

商品名のスライサーが作成された

スライサーから「デスクトップパソコン」を選択すると、テーブルにはデスクトップパソコンのデータが表示されます。

デスクトップパソコンのデータが表示された

売上一覧表(2020年5月～2020年7月)

NO	日付	商品名	単価	数量	金額	担当
2	2020/5/1	デスクトップパソコン	222300	3	666900	猿飛
7	2020/5/3	デスクトップパソコン	258500	5	1292500	阪神
14	2020/5/6	デスクトップパソコン	305200	4	1220800	三吉
22	2020/6/1	デスクトップパソコン	212800	4	851200	猿飛
27	2020/6/3	デスクトップパソコン	212800	7	1489600	阪神
34	2020/6/6	デスクトップパソコン	212800	6	1276800	三吉
43	2020/7/1	デスクトップパソコン	212800	6	1276800	猿飛
48	2020/7/3	デスクトップパソコン	212800	3	638400	阪神
55	2020/7/6	デスクトップパソコン	212800	4	851200	三吉

スライサーのデザイン

 スライサーのデザインを変更するには

スライサーのデザインの変更は、Excelメニューの「スライサースタイル」(❶)から選択して設定をします。

まず、「商品販売の担当者」のスライサーを選択した状態にしておきます。

Excelメニューの「スライサースタイル」の「その他」(❷)をクリックします。

「スライサースタイル」の「その他」をクリックする

　すると、「淡色」、「濃色」のスタイルを選択する画面が表示されます。「濃色」の「薄いオレンジ, スライサースタイル（濃色）2」（❸）を選択しました（シート「6」）。

「薄いオレンジ, スライサースタイル（濃色）2」を選択した

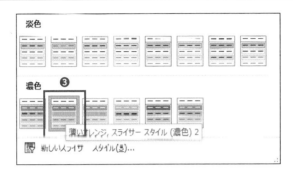

「薄いオレンジ, スライサースタイル（濃色）2」が適用された

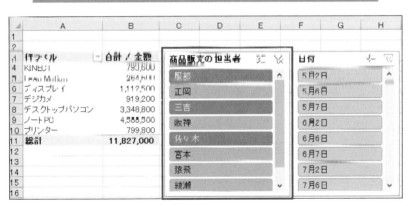

タイムラインとは

 タイムラインで特定の月の集計結果を表示する

ここでは、商品名の合計のピボットテーブルを使用します。

商品の合計のピボットテーブル

	A	B
1		
2		
3	行ラベル ▼	合計 / 金額
4	KINECT	1388800
5	Leap Motion	264600
6	スキャナ	715800
7	タブレットPC	1274000
8	ディスプレイ	1112500
9	デジカメ	1388800
10	デスクトップパソコン	9564200
11	ノートPC	12526200
12	プリンター	1226400
13	マウス	283500
14	**総計**	**30355400**

　タイムラインとは、ピボットテーブルや、ピボットグラフで集計する、時間軸を指定できる機能です。今回のピボットテーブルでは、「月」を指定するために使用します。明示的に項目を選択するスライサーに対し、タイムライン上の「バーの長さ」を調整することで集計期間の指定が可能です。

　ピボットテーブル内のセル「A4」（ピボットテーブル内ならどこでもいい）を選択しておきます。Excelメニューの［挿入/タイムライン］（❶）と選択します。

タイムラインを選択する

　すると、「タイムラインの挿入」ダイアログボックスが表示されます。「日付」にチェックを付けて［OK］ボタンをクリックします。

「日付」にチェックを付けて［OK］ボタンをクリックする

すると「日付」のタイムラインが表示されます。今回のデータは2020年の5月、6月、7月しか用意していないので、これ以外の月を指定しても何も表示されませんので注意してください。

　タイムラインの「5」と「6」の間（❷）をクリックすると「5月」のピボットテーブルが表示されます。

5月のピボットテーブルが表示された

	A	B	C	D	E	F	G
1							
2							
3	行ラベル	合計 / 金額		日付			
4	KINECT	570400					
5	Leap Motion	113400		2020 年 5 月			月
6	スキャナー	200000					
7	ディスプレイ	276700		2020			
8	デジカメ	500400		3　4　5　6　7　8　9　10　11　12			
9	デスクトップパソコン	3180200					
10	ノートPC	5198800					
11	プリンター	495600					
12	マウス	73500		❷			
13	総計	10664000					

　次に、「5」〜「7」（❸）までをドラッグすると「5月」〜「7月」までのピボットテーブルが表示されます（シート17）。

「5月」〜「7月」までのピボットテーブル

フィルターのクリア

	A	B	C	D
1				
2				
3	行ラベル	合計 / 金額		日付
4	KINECT	1388800		
5	Leap Motion	264600		2020 年 5 月 〜 7 月
6	スキャナー	715600		
7	タブレットPC	1274000		2020
8	ディスプレイ	1111700		3　4　5　6　7　8　9　10　11　12
9	デジカメ	1734400		
10	デスクトップパソコン	9564200		
11	ノートPC	12926200		
12	プリンター	1226400		❸
13	マウス	283500		
14	総計	30355400		

　集計期間の解除をするには、「フィルターのクリア」をクリックします。

集計期間を解除する

　前のページの画面「「5月」〜「7月」までのピボットテーブル」では「フィルターのクリア」が使用可能になっていますが、「フィルターのクリア」を実行した上の画面「集計期間を解除する」では、「フィルターのクリア」は使用不可になっています。

　Chapter07はこれで終わりです。スライサーを使用すると、目的の集計表を一瞬で作成でき、大変に便利な機能ではないでしょうか。プログラムで言うところのリストボックスに項目名を表示させておいて、必要に応じてリストボックスから項目を選択して、該当するデータを表示させるのと同じ機能になります。

　またタイムラインも、今回はデータが少なかったので、その有用性を十分に発揮できなかったのですが、2010年〜2020年までの長い期間の売上が記録されているデータを使用する場合には、視覚的に期間を把握でき、大いに力を発揮する機能だと思います。是非皆さんの現場でも利用していただきたいです。

複数のピボットテーブルでスライサーを共有する

1つのスライサーを共有することにより、複数のピボットテーブルで同じフィルターを適用することができます。

まず1つ目の「担当」と「合計」の表示された
ピボットテーブルを作成

次のボックス間でフィールドをドラッグしてください:

▼ フィルター	Ⅲ 列

≡ 行	Σ 値
担当 ▼	合計 / 金額 ▼

◢	A	B
1		
2		
3	**行ラベル** ▼	**合計 / 金額**
4	綾瀬	1274000
5	猿飛	5901500
6	宮本	3949900
7	佐々木	3803800
8	阪神	3847100
9	三吉	5543500
10	正岡	3555900
11	服部	2479700
12	**総計**	**30355400**

　このピボットテーブルを、新しくSheetを作って、「ピボットテーブル1」というシート名にしておきます。

　もう一つピボットテーブルを作成します。「フィールドセクション」から「レイアウトセクション」の「行」に「商品名」、「月」、「日付」を、「値」に「合計」をドラッグ＆ドロップします。

「商品名」が「月別」毎に「金額」が表示されたピボットテーブル

	A	B
1		
2		
3	行ラベル	合計 / 金額
4	⊟KINECT	1388800
5	⊕5月	570400
6	⊕6月	545600
7	⊕7月	272000
8	⊟Leap Motion	264600
9	⊕5月	113400
10	⊕6月	63000
11	⊕7月	88200
12	⊟スキャナー	715600
13	⊕5月	255000
14	⊕6月	263200
15	⊕7月	197400
16	⊟タブレットPC	1274000
17	⊕6月	588000
18	⊕7月	686000
19	⊟ディスプレイ	1112500
20	⊕5月	276700
21	⊕6月	398000
22	⊕7月	437800
23	⊟デジカメ	1599600
24	⊕5月	500400
25	⊕6月	458000
26	⊕7月	641200
27	⊟デスクトップパソコン	9564200
28	⊕5月	3180200
29	⊕6月	3617600
30	⊕7月	2766400

このピボットテーブルを新しくSheetを作って、「ピボットテーブル2」と
いうシート名にしておきます。

　「ピボットテーブル1」のシートを選択してピボットツールを表示し、ピ
ボットテーブル内のセル（ピボットテーブル内ならどこでもいい）を選択し
て、Excelメニューの［挿入/スライサー］と選択します。「スライサーの挿
入」ダイアログボックスが表示されますので、「担当」にチェックを入れます。
［OK］をクリックします。

「担当」にチェックを入れる

すると「担当」のボタンが表示されたスライサーが表示されます。

「担当」のスライサーが表示された

このスライサーを「ピボットテーブル2」と共有します。スライサーの上で
マウスの右クリックをして、表示されるメニューから「レポートの接続」（❶）
を選択します。

「レポートの接続」を選択した

すると「レポート接続（担当）」のダイアログボックスが表示されますので、「ピボットテーブル2」にチェックを入れます。「ピボットテーブル1」にもチェックが付いているのを確認してください（❷）。[OK]をクリックします。

「ピボットテーブル1」と「ピボットテーブル2」にチェックが付いた

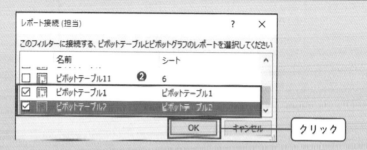

2つのピボットテーブルが共有できましたので、スライサーの「佐々木」を選択してみます。すると「佐々木」の合計金額と、「ピボットテーブル2」では「佐々木」の商品名の月別の金額が表示されます（シート「ピボットテーブル1」と「ピボットテーブル2」）。

**共有スライサーでフィルタリングすると、
接続されているピボットテーブルで一斉にデータが抽出された**

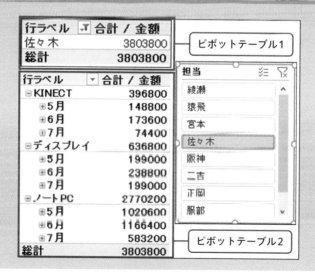

232

Chapter

08

即戦力になれる！
複数テーブルに対応した
ピボットテーブルを作ろう！

Chapter08の参考用Excelデータは
Chapter8_PivotTable用データ.xlsxです。

複数テーブルの
リレーションシップ

 リレーションシップを行うテーブルを作成する

　ここで使用するデータは今までとは違うデータを使用します。今までのデータは商品名が同じであっても、単価は異なっていましたが、リレーションシップを使用する場合には同じ商品名で単価が異なるとリレーションが張れませんので、今回のデータは、同じ商品は同じ単価に統一しています。複数のデータを使用しますが、これらのデータはダウンロードできるようにしていますので、これらのデータを使用してください。

　ここで使用するデータは、「売上一覧表」といっシートを作成してその中に記述しています（シート「売上一覧表」）。「テーブル」への変換は完了しています。

使用するデータ

日付	商品名	単価	数量	金額	担当
	売上一覧表(202年5月〜2020年7月)				
2020/5/1	ノートPC	145800	5	729000	佐々木
2020/5/1	デスクトップパソコ	212800	4	851200	佐々木
2020/5/1	デジカメ	45800	6	274800	佐々木
2020/5/2	KINECT	24800	7	173600	服部
2020/5/2	Leap Motion	12600	9	113400	服部
2020/5/2	ノートPC	145800	4	583200	服部
2020/5/3	デスクトップパソコ	212800	5	1064000	猿飛
2020/5/3	プリンター	34800	6	208800	猿飛
2020/5/4	ノートPC	145800	9	1312200	宮本
2020/5/5	KINECT	24800	12	297600	真田
2020/5/5	マウス	3500	21	73500	真田
2020/5/5	ノートPC	145800	7	1020600	真田
2020/5/5	スキャナー	65800	3	197400	真田
2020/5/6	デスクトップパソコ	212800	4	851200	福沢
2020/5/6	デジカメ	45800	6	274800	福沢
2020/5/6	プリンター	34800	7	243600	福沢
2020/5/6	ディスプレイ	39800	3	119400	福沢
2020/5/7	ディスプレイ	39800	7	278600	赤胴
2020/5/7	ノートPC	145800	8	1166400	赤胴
2020/5/7	KINECT	24800	9	223200	赤胴
2020/5/10	タブレットPC	98000	10	980000	広瀬
2020/6/1	ノートPC	145800	7	1020600	佐々木
2020/6/1	デスクトップパソコ	212800	8	1702400	佐々木
2020/6/1	デジカメ	45800	4	183200	佐々木
2020/6/2	KINECT	24800	8	198400	服部
2020/6/2	Leap Motion	12600	7	88200	服部
2020/6/2	ノートPC	145800	8	1166400	服部
2020/6/3	デスクトップパソコ	212800	4	851200	猿飛
2020/6/3	プリンター	34800	8	278400	猿飛
2020/6/4	ノートPC	145800	5		

　但し、今回は売上の記録を複数のテーブルに分けて利用します。そうすることで、修正等が生じた場合に、膨大なデータの中から修正個所を探して、全て修正していく必要性に迫られるのを防ぐことができます。売上のデータを複数のテーブルに分けて管理しておけば、「商品番号」や「担当者情報」などのフィールドを通じてデータの参照ができるため、商品や担当者情報を一元管理でき、データの整合性を保つことが可能になります。

　今回は、事前に準備したデータとは別に、別のワークシートを作成して項目別の基本情報をまとめた「テーブル」を個別に作っていき

ます。

　まず、1つ目の「商品情報」テーブルから作成します。「商品名」であるノートPCは、商品番号「ABC-1」で、単価は「145800」円。同じくデスクトップパソコンは、商品番号「ABC-2」で、単価は「212800」円……といった基本情報を、「商品」というシートを新規作成してデータを追加し、テーブルに変換しておきます（シート「商品」）。

　続いて、テーブルとして識別されているセル（A5）を選択し、Excelメニューの「テーブルデザイン」より、「テーブル名」（❶）を「商品情報」と指定します。

「商品情報」テーブル

ファイル	ホーム	挿入	ページ レイアウト	数式

テーブル名:

| 商品情報 | ❶ |

- ピボットテーブルで集計
- 重複の削除
- 範囲に変換
- スライサーの挿入
- テーブルのサイズ変更

プロパティ　　　　ツール

| A5 | ▼ | × | ✓ | f_x | ABC-1 |

	A	B	C
1			
2		**商品情報**	
3			
4	**商品番号** ▽	**商品名** ▽	**単価** ▽
5	ABC-1	ノートPC	145800
6	ABC-2	デスクトップパソコン	212800
7	ABC-3	デジカメ	45800
8	ABC-4	KINECT	24800
9	ABC-5	Leap Motion	12600
10	ABC-6	プリンター	34800
11	ABC-7	マウス	3500
12	ABC-8	メモリー	65800
13	ABC-9	デジカメ	45800
14	ABC-10	ディスプレイ	39800
15	ABC-11	タブレットPC	98000
16			

売上一覧表　| 商品 | ＋

「商品番号」、「商品名」、「単価」といったデータを追加してテーブルを作成するよ

「テーブル名」は「商品情報」としていますが、今回のように複数の
テーブルをまとめて集計するには、「テーブル名」が重要な役割を果
たすので、わかり易いテーブル名にすることが重要です。

　次に、「商品情報」を作成した同じ手順で、「担当者」というシー
トを作成して、担当者情報のテーブルを作成します（シート「担当
者」）。

「担当者情報」のテーブルを作成する

次に、「売上」というシートを作成して「売上情報」テーブルを作
成しておきます（シート「売上情報」）。

「売上情報」テーブルを作成する

ファイル　ホーム　挿入　ページレイアウト　数式

テーブル名:
売上情報

ピボットテーブルで集計
重複の削除
範囲に変換
テーブルのサイズ変更
スライサーの挿入

プロパティ　　　　　　ツール

| A5 | ▼ | × | ✓ | fx | 1001 |

	A	B	C	D
1				
2	**売上情報**			
3				
4	売上番号 ▼	日付 ▼	担当 ▼	
5	1001	2020/5/1	P-1	
6	1002	2020/5/1	P-1	
7	1003	2020/5/1	P-1	
8	1004	2020/5/2	P-2	
9	1005	2020/5/2	P-2	
10	1006	2020/5/2	P-2	
11	1007	2020/5/3	P-3	
12	1008	2020/5/3	P-3	
13	1009	2020/5/4	P-4	
14	1010	2020/5/5	P-5	
15	1011	2020/5/5	P-5	
16	1012	2020/5/5	P-5	
17	1013	2020/5/5	P-5	
18	1014	2020/5/6	P-6	
19	1015	2020/5/6	P-6	
20	1016	2020/5/6	P-6	
21	1017	2020/5/6	P-6	
22	1018	2020/5/7	P-7	
23	1019	2020/5/7	P-7	
24	1020	2020/5/7	P-7	
25	1021	2020/5/10	P-8	
26	1022	2020/6/1	P-1	
27	1023	2020/6/1	P-1	
28	1024	2020/6/1	P-1	
29	1025	2020/6/2	P-2	
30	1026	2020/6/2	P-2	
31	1027	2020/6/2	P-2	
32	1028	2020/6/3	P-3	
33	1029	2020/6/3	P-3	
34	1030	2020/6/4	P-4	
35	1031	2020/6/5	P-5	

売上一覧表　商品　担当者　売上

「売上番号」、「日付」、「担当」といったデータを追加してテーブルを作成するよ

次に、「明細」というシートを作成して「明細情報」テーブルを作成します（シート「明細」）。

「明細情報」テーブルを作成する

明細番号	商品情報	数量	売上情報	金額
1	ABC-1	3	1001	729000
2	ABC-2	2	1002	851200
3	ABC-3	4	1003	274000
4	ABC-4	5	1004	173600
5	ABC-5	8	1005	113400
6	ABC-1	2	1006	583200
7	ABC-2	4	1007	1064000
8	ABC-6	5	1008	208800
9	ABC-1	8	1009	1312200
10	ABC-4	10	1010	297600
11	ABC-7	20	1011	73500
12	ABC-1	5	1012	1020600
13	ABC-8	2	1013	197400
14	ABC-2	4	1014	851200
15	ABC-9	4	1015	274800
16	ABC-6	5	1016	243600
17	ABC-10	2	1017	119400
18	ABC-10	4	1018	278600
19	ABC-1	8	1019	1166100
20	ABC-4	5	1020	223200
21	ABC-11	8	1021	980000
22	ABC-1	6	1022	1020600
23	ABC-2	4	1023	1702400
24	ABC-3	3	1024	183200
25	ABC-4	7	1025	198400
26	ABC-5	5	1026	88200
27	ABC-1	4	1027	1166400
28	ABC-2	7	1028	851200
29	ABC-6	3	1029	278400
30	ABC-1	4	1030	729000
31	ABC-4	8	1031	223200

「明細番号」、「商品情報」、「数量」、「売上情報」、「金額」といったデータを追加してテーブルを作成するよ

作成したテーブルの内容を見比べてみましょう。例えば、「明細情報テーブル」の「商品情報」項目にある「ABC-1」という商品番号は、「商品情報テーブル」の「商品番号」項目を見ると「ノートPC」であることがわかります。

「明細情報テーブル」から、
「商品情報テーブル」の「商品番号」を参照できる

商品情報テーブル

明細情報テーブル

商品番号	商品名	単価
ABC-1	ノートPC	145800
ABC-2	デスクトップパソコン	212800
ABC-3	デジカメ	45800
ABC-4	KINECT	24800
ABC-5	Leap Motion	12600
ABC-6	プリンター	34800
ABC-7	マウス	3500
ABC-8	スキャナー	65800
ABC-9	デジカメ	45800
ABC-10	ディスプレイ	39800
ABC-11	タブレットPC	98000

明細番号	商品情報	数量	売上情報	金額
1	ABC-1	3	1001	729000
2	ABC-2	2	1002	851200
3	ABC-3	3	1003	274800
4	ABC-4	5	1004	173600
5	ABC-5	8	1005	113400
6	ABC-1	2	1006	583200
7	ABC-2	4	1007	1064000
8	ABC-6	5	1008	208800
9	ABC-1	8	1009	1312200
10	ABC-4	10	1010	297600
11	ABC-7	20	1011	73500

「明細情報テーブル」の商品情報と、「商品情報テーブル」の商品番号を見比べると、「商品名」がわかる

同様に、「売上情報テーブル」の「担当」項目にある「P-1」という番号は、「担当者情報テーブル」の「担当者NO」項目を確認すると、「佐々木」であることがわかります。

「売上情報テーブル」の「担当」から、
「担当者情報テーブル」の「担当者NO」を参照できる

担当者情報テーブル

売上情報テーブル

担当者NO	担当者
P-1	佐々木
P-2	服部
P-3	績飛
P-4	宮本
P-5	真田
P-6	福沢
P-7	赤胴
P-8	広瀬

売上番号	日付	担当
1001	2020/5/1	P-1
1002	2020/5/1	P-1
1003	2020/5/1	P-1
1004	2020/5/2	P-2
1005	2020/5/2	P-2
1006	2020/5/2	P-2
1007	2020/5/3	P-3
1008	2020/5/3	P-3

「担当者情報のテーブル」の「担当者NO」項目と、「売上情報テーブル」の「担当」が、関連付いたデータであることがわかります。

実際に見比べると、データの関連性を認識できると思います。これを人の脳だけではなく、Excelにも関連したデータ項目であると識別させるのに使うのが「リレーションシップ」機能になります。

「担当者情報テーブル」の「担当者NO」項目と、「売上情報テーブル」の「担当」が関連付いたデータであることがわかるね

リレーションシップとは

 各テ　ブル同上をリレーションシップで関連付ける

　複数のテーブルに分かれたデータを利用するためには、各テーブルのデータを参照して必要な情報を取り出せるように、**リレーションシップ**という関連付けの設定を行う必要があります。

　「リレーションシップ」を利用すると、別々に管理されているデータベースの情報を関連付けることができ、データを参照することができるようになります。「リレーションシップ」を設定するには、データベースを「テ　ブル」に変換する必要があります。今回のデータは予め全て「テーブル」に変換しています。「テーブル」間のデータを関連付けることで、関数などを使わずにデータの参照ができ、そのデータをもとにピボットテーブルを使ってデータ分析をすることができるようになります。

　Excelメニューの［データ／リレーションシップ］（**❶**）と選択します。

リレーションシップを選択する

「リレーションシップの管理」ダイアログボックスが表示されるので、「新規作成」をクリックします。

「新規作成」をクリックする

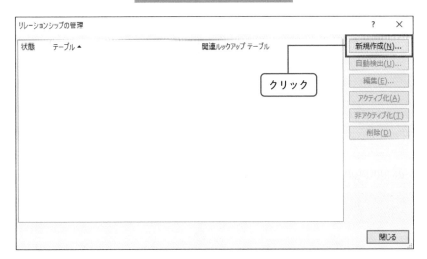

リレーションシップの作成①-1

「リレーションシップの作成」ダイアログボックスが表示されます。「テーブル」の右横隅にある「v」アイコン（❷）をクリックし、「データモデルのテーブル:売上情報」（❸）を選択します。

「テーブル」から「データモデルのテーブル:売上情報」を選択する

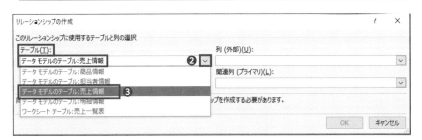

次に「列（外部）」の「v」アイコン（❹）をクリックして、「担当」
（❺）を選択します。

「列（外部）」から「担当」を選択する

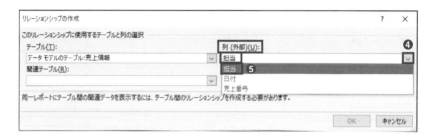

 リレーションシップの作成①-2

次に「関連テーブル」の「v」アイコン（❻）をクリックして、「デー
タモデルのテーブル：担当者情報」（❼）を選択します。

「関連テーブル」から
「データモデルのテーブル：担当者情報」を選択する

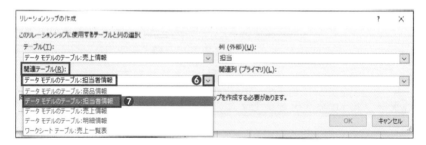

次に、「関連列（プライマリ）」の「v」アイコン（❽）をクリックし
て、「担当者NO」（❾）を選択します。

「関連列（プライマリ）」から「担当者NO」を選択する

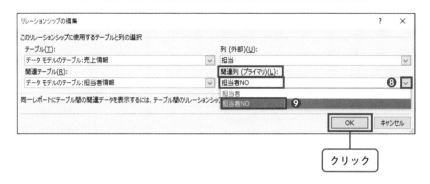

「OK」ボタンをクリックするとリレーションシップが作成されます。

リレーションシップが作成された

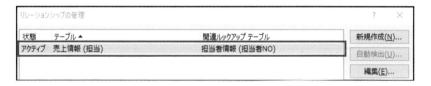

リレーションシップの作成②

　同じくこれまでと同じ手順で、「新規作成」から「明細情報」テーブルのリレーションシップを作成します。

　「テーブル」に「データモデルのテーブル：明細情報」、「列（外部）」に「商品情報」、「関連テーブル」に「データモデルのテーブル：商品情報」、「関連列（プライマリ）」に「商品番号」を指定します。

「明細情報」テーブルと「商品情報」テーブルの項目を関連付ける、
2つ目のリレーションシップ

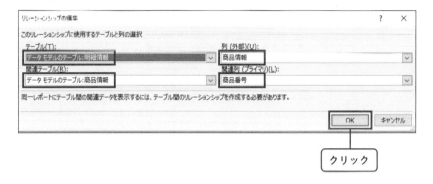

クリック

　[OK]ボタンをクリックするとリレーションシップが作成されます。

リレーションシップが作成された

 リレーションシップの作成③

　続けて、これまでと同じ手順で、「新規作成」から「明細情報」テーブルのリレーションシップを作成します。

　「テーブル」に「データモデルのテーブル：明細情報」、「列（外部）」に「売上情報」、「関連テーブル」に「データモデルのテーブル：売上情報」、「関連列（プライマリ）」に「売上番号」を指定します。

「明細情報」テーブルと「売上情報」テーブルの項目を関連付ける、3つ目のリレーションシップ

[UK]ボタンをクリックすると、リレーションシップが作成されます。

リレーションシップを3個作成した

以上で全てのリレーションシップが作成されました。
「閉じる」ボタンをクリックします。

03

リレーションシップのデータからピボットテーブルを作成する

↓

 ## リレーションシップの効いたピボットテーブルを作成する

「明細リスト」から「明細情報」テーブルを表示して、任意のセルにマウスカーソルを置き、Excelメニューの［挿入/ピボットテーブル］と選択します。「ピボットテーブルの作成」ダイアログボックスが表示されますので、「テーブル/範囲」に「明細情報」()が指定されていることを確認してください。最後の「このデータをデータモデルに追加する」(❷)にチェックを入れます。［OK］ボタンをクリックします。

「ピボットテーブルの作成」ダイアログボックスで各種設定を行うよ

「ピボットテーブルの作成」を設定する

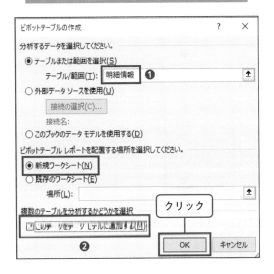

「ピボットテーブルの作成」
から「このデータをデータ
モデルに追加する」にチェッ
クを入れるよ

　新しいシートに「ピボットテーブル」の枠が表示されます。「ピ
ボットテーブルのフィールド」の「すべて」をクリックします。する
と、リレーションシップの作成されたテーブルが表示されます。

リレーションシップの作成されたテーブルが表示された

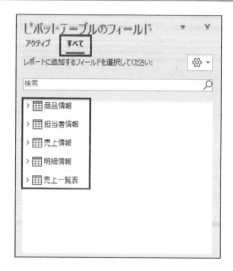

　「フィールドセクション」内の「商品情報」の先頭の「>」をクリックして内容を展開し、「商品名」を「レイアウトセクション」の「行」にドラッグ＆ドロップします。

「商品名」を「行」にドラッグ＆ドロップする

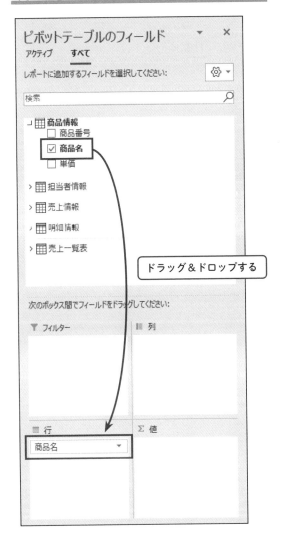

次に、「担当者情報」テーブルを展開して、「担当者」を「レイアウ
トセクション」の「列」にドラッグ＆ドロップします。

「担当者」を「列」にドラッグ＆ドロップする

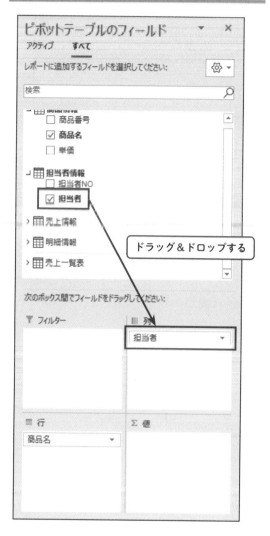

次に、「明細情報」テーブルを展開して、「金額」を、「レイアウトセクション」の「値」にドラッグ＆ドロップします。

「金額」を「値」にドラッグ＆ドロップした

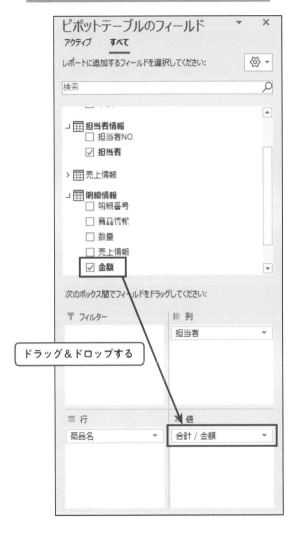

すると、ピボットテーブルが作成されます（シート「3」）。

複数のテーブルから抽出した商品別、担当者別売上の
データを参照して集計したピボットテーブルが作成できた

行ラベル	愛媛	夏目	久利	広瀬	阪神	正岡	内田	薬師寺	総計
合計 / 金額	列ラベル								
KINECT	570400		372000					372000	1314400
Leap Motion			252000						252000
スキャナー	592200								592200
タブレット PC				2058000					2058000
ディスプレイ							477600	597000	1074600
デジカメ		595400					824400		1419800
デスクトップパソコン		2553600			2979200		1915200		7448000
ノート PC	1895400	2041200	1603800			3061800	851200	2624400	12077800
プリンター					417600		661200		1078800
マウス	280000								280000
総計	3338000	5190200	2227800	2058000	3396800	3061800	4729600	3593400	27595600

　今までに実践してきた、クロス集計のピボットテーブルと見た目は変わらないのですが、実は、プロセスが大きく異なります。同じテーブルの項目からではなく、複数のテーブルから特定の項目を抽出し、1つのピボットテーブルにまとめているからです。

　複数のテーブルに基本情報を分けて管理すること、そして「リレーションシップ」で同じ項目を関連付けること。このテクニックは、社内・社外を問わず、さまざまな場所にある、いろいろなデータと連結・参照してデータ分析を行う第一歩なのです。

　Chapter08 はこれで終わりです。データを複数のテーブルに分けて管理することで、テーブルごとに情報の一元管理ができ、データの管理が楽になるメリットがあります。また、相互に参照することで、データのサイズを小さく抑えることも可能です。このように、複数テーブルをリレーションシップで関連付ければ、管理するうえでメリットもあり、是非マスターして、利用していただきたいです。

「リレーションシップ」では、項目別の基本情報をまとめた「テーブル」を個別に作る

　「リレーションシップ」では、事前準備したデータとは別に、別のワークシートを作成して項目別の基本情報をまとめた「テーブル」を個別に作っていきます。

　項目別の基本情報となるテーブルを個別に用意する理由は、基本データを一元管理し、データの整合性を保つためです。今回解説した「リレーションシップ」機能で各テーブルの同じ項目同士を連携させておくと、基本データに修正があったとしても、同じ項目を通じてデータを参照・反映できます。

　この準備は数十、数百、数十万行と、データ量が増えるほど有効なので、今後データ分析を行う上でのテクニックとして覚えておいてください。

\Column/

合計を千円単位で表示するには

元のデータと合計を千円単位で表示したデータ

	A	B
1		
2		
3	行ラベル　▼	合計 / 金額
4	KINECT	1388800
5	Leap Motion	264600
6	スキャナー	715600
7	タブレット PC	1274000
8	ディスプレイ	1112500
9	デジカメ	1599600
10	デスクトップパソコン	9564200
11	ノート PC	12926200
12	プリンター	1226400
13	マウス	283500
14	総計	30355400

	A	B
1		
2		
3	行ラベル　▼	金額(千円)
4	KINECT	1,389
5	Leap Motion	265
6	スキャナー	716
7	タブレット PC	1,274
8	ディスプレイ	1,113
9	デジカメ	1,600
10	デスクトップパソコン	9,564
11	ノート PC	12,926
12	プリンター	1,226
13	マウス	284
14	総計	30,355

　画面右のようなデータを作成するには、合計が表示されたセル（どこでもいい）を選択して、マウスの右クリックで「値フィールドの設定」を選択し、「表示形式」を選択します。

　「セルの書式設定」のダイアログボックスが開きますので、「分類」から「ユーザー定義」を選択し、「種類」に「#,##0,」と指定します。末尾の右の「,」が数値を千円単位で表示させる指示になります。[OK]をクリックすると、金額が千円単位で表示されるようになります。

セルの書式設定

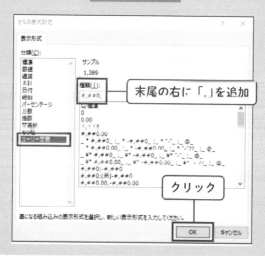

末尾の右に「,」を追加

クリック

おわりに

　いかがだったでしょうか？　一通りこの書籍に書かれている手順通りに「ピボットテーブル」を作成してみて、「意外と簡単で面白いな」と思われたのではないでしょうか？

　今まで、Excelは使っていて、「ピボットテーブル」の存在は知っていたが、なんか難しそうなので、後回しにしていた方も多いのではないでしょうか？

　そういったことを世間では「食わず嫌い」といいますね。「ピボットテーブル」も名前からすると難しそうな印象を受けるかもしれませんが、実際に触ってみると、「なーーんだ」と思われる点も多かったのではないでしょうか？

　これを機会に、会社に蓄積されている財産であるデータを大いに活用して、今後の会社経営に活かしていただければ筆者としては嬉しいです。

薬師寺　国安

索引

著者略歴

薬師寺　国安（やくしじ　くにやす）

　事務系のサラリーマンだった40歳から趣味でプログラミングを始め、1996年より独学でActiveXに取り組む。1997年に薬師寺聖（相方）とコラボレーション・ユニット「PROJECT KySS」を結成。2003年よりフリーになり、PROJECT KySSの活動に本格的に従事。.NETやRIAに関する書籍や記事を多数執筆する傍ら、受託案件のプログラミングも手掛ける。その後、ソロで活動するようになり、現在はScratch、Unity、AR、Excel VBAについて執筆活動中。
Microsoft MVP for Development Platforms-Windows Platform Development (Oct 2003-Sep 2015)。

カバーイラスト　mammoth.

ずかい
図解！
ピボットテーブルのツボとコツが
ほん
ゼッタイにわかる本

発行日	2020年 10月 23日	第1版第1刷
	2022年 3月 20日	第1版第2刷

著　者　薬師寺　国安

発行者　斉藤　和邦
発行所　株式会社　秀和システム
　　　　〒135-0016
　　　　東京都江東区東陽2-4-2　新宮ビル2F
　　　　Tel 03-6264-3105 （販売）　　Fax 03-6264-3094
印刷所　三松堂印刷株式会社

©2020 Kuniyasu Yakushiji　　　　　　　　Printed in Japan
ISBN978-4-7980-6304-1 C3055